高等学校计算机基础教育规划教材

C程序设计实训教程
（第2版）

向　艳　主编

周天彤　程起才　副主编

清华大学出版社

北京

内 容 简 介

学习 C 语言最重要的是学会应用 C 语言编写程序,掌握编程的基本技能。本书从编程实践出发,以培养和提高编程能力为目标,是一本集 C 语言实践训练和课程综合训练为一体的实践教材。

作为与《C 语言程序设计(第 3 版)》(ISBN 978-7-302-50771-0)配套的实训教材,本书共分 11 章,其中前 10 章各章主要由知识点梳理、案例应用与拓展、编程技能和实践训练四部分构成。知识点梳理部分简明扼要地归纳总结本章的基本概念和重要知识点;案例应用与拓展部分将本章知识的应用巧妙融入一个典型案例中,并将前后知识串连起来;编程技能部分按照编程学习的进程,逐步介绍程序错误分析、调试与测试等一些编程技能;实践训练则通过涉及 C 语言全部知识点的 26 组实训,巩固对各章重要知识的掌握和应用。本书最后一章为课程综合实训,通过规模更大的综合训练任务,可以更加系统全面地理解和掌握 C 程序设计的理论和知识,提高编程技能,培养分析和解决实际问题的能力。

本书编程环境全部采用 VC2010,并详细介绍了该环境下程序的运行和调试方法。书中所有例题和练习均在 VC2010 环境下调试通过。另外,在附录介绍了 VS2012 和 Dev-C++ 5.11 编程环境的使用。

本书可作为高校学生学习 C 程序设计课程的实验教材和课程设计指导书,也适合程序设计爱好者编程训练使用。

图书在版编目(CIP)数据

C 程序设计实训教程/向艳主编. —2 版. —北京:清华大学出版社,2019 (2022.9 重印)
(高等学校计算机基础教育规划教材)
ISBN 978-7-302-53375-7

Ⅰ.①C… Ⅱ.①向… Ⅲ.①C 语言—程序设计—高等学校—教材 Ⅳ.①TP312.8

中国版本图书馆 CIP 数据核字(2019)第 162096 号

责任编辑:袁勤勇 杨 枫
封面设计:常雪影
责任校对:胡伟民
责任印制:宋 林

出版发行:清华大学出版社
    网 址:http://www.tup.com.cn,http://www.wqbook.com
    地 址:北京清华大学学研大厦 A 座   邮 编:100084
    社 总 机:010-83470000   邮 购:010-62786544
    投稿与读者服务:010-62776969,c-service@tup.tsinghua.edu.cn
    质量反馈:010-62772015,zhiliang@tup.tsinghua.edu.cn
    课件下载:http://www.tup.com.cn,010-83470236
印 装 者:三河市龙大印装有限公司
经 销:全国新华书店
开 本:185mm×260mm   印 张:19.25   字 数:485 千字
版 次:2013 年 9 月第 1 版 2019 年 9 月第 2 版   印 次:2022 年 9 月第 8 次印刷
定 价:49.00 元

产品编号:082540-01

前 言

　　"C程序设计"是一门实践性很强的课程,学习本课程既要理解C语言的基本理论和基本知识,更要掌握应用理论知识编写程序的方法和技能。为此,编者基于长期从事"C程序设计"课程教学积累的经验和体会,编写了《C程序设计实训教程》一书,并于2013年由清华大学出版社出版发行。

　　作为与《C语言程序设计(第3版)》一书的配套教材,本书在使用中得到了读者的肯定。由于C语言编程环境和编程技术的不断发展,以及作者在教学实践中积累了一些新的经验,故需要对本书在以下几方面做出修订:

　　(1)编程环境全部由原来的VC6.0改为VC2010,所有例题和练习题均在VC2010环境调试通过;

　　(2)考虑到C语言的发展和系统兼容性问题,增加了部分C99标准的新规定,所有程序风格均采用如下所示的C99标准形式:

```
int main( )
{

    return 0;
}
```

　　(3)增加了"课程综合实训"一章,通过了解和掌握开发一个大型实用程序的全过程,可以更全面理解和掌握C程序设计的基本理论、知识和技能,能够将C程序设计的各个知识点融会贯通,更加牢固掌握所学知识,培养分析和解决实际问题的能力。

　　修订后,本书共分11章,包括C程序设计入门、顺序结构程序设计、选择结构程序设计、循环结构程序设计、函数、数组、指针、结构体与共用体、动态数组与链表、文件、课程综合实训。

　　第1~10章主要由知识点梳理、案例应用与拓展、编程技能和实践训练四部分构成。知识点梳理部分简明扼要地归纳总结本章主要概念和重要知识点,帮助读者抓住重点;案例应用与拓展部分以学生成绩管理程序作为典型案例,从设计程序菜单开始,随着学习内容的不断深入,逐步实现了从选择结构到循环结构、函数、数组、指针、结构体、链表和文件的有效过渡,突出了前后知识的关联性,有利于读者对新知识的理解;编程技能部分按照程序设计的进程,逐渐引入编程中一些重要技能,使读者学会如何分析和排除程序错误,掌握调试和测试程序的方法;实践训练部分共包含26组实训,涵盖了C程序设计的全部知识点，通过将理论和实际有效结合，加强读者对理论知识的理解并学会应用理论知识解决实际问题。

最后一章为课程综合实训，按照项目开发的运行模式，详细介绍了一个规模更大的程序案例的开发过程（任务分析、总体设计、详细设计、编码、调试、测试和编写文档），然后给出 8 个综合训练任务以加强训练。通过课程综合实训，使读者能够更加系统全面地理解和掌握 C 程序设计的理论和知识，提高编程技能，培养分析和解决实际问题的能力。

另外，考虑到 VS 和 Dev-C++ 也是当前学习 C 语言常用的编程环境，在附录部分介绍了 VS2012 和 Dev-C++ 5.11 编程环境的使用。

本书由向艳担任主编并统稿，第 1、2、10 章由程起才编写，第 3、4、5、6、8、11 章及其他章节中案例应用与拓展部分由向艳编写，第 7、9 章和第 4～9 章编程技能部分以及附录部分由周天彤编写。由于作者水平有限，书中存在不足在所难免，敬请读者批评指正。

编者

2019 年 3 月

目 录

第1章

C 程序设计入门

1.1　知识点梳理

1. 有且仅有 main 函数的简单程序框架

```
#include <stdio.h>              /* 包含必要的头文件 */
int main()
{
                               /* 变量定义及赋值 */
                               /* 对变量进行操作 */
                               /* 结果输出 */

      return 0;

}
```

2. 基本数据类型

(1) 整型数据。

① 整型常量：有八进制、十进制和十六进制 3 种表示方法。八进制整常量必须以数字 0 开头，其数码为 0~7；十进制整常量的首位数字不能是数字 0，其数码为 0~9；十六进制整常量必须以 0X 或 0x 开头，其数码为 0~9，A~F 或 a~f。

② 整型变量：整型变量的类型如表 1-1 所示。

表 1-1　整型变量的类型

类　　别	数据类型名	数 的 范 围	字节数
[有符号]短整型	short [int]	−32 768~32 767 即 −2^{15}~(2^{15}−1)	2
无符号短整型	unsigned short [int]	0~65 535 即 0~(2^{16}−1)	2
[有符号]普通整型	int	−2 147 483 648~2 147 483 647 即 −2^{31}~(2^{31}−1)	4

类　　别	数据类型名	数 的 范 围	字节数
无符号普通整型	unsigned [int]	$0\sim4\ 294\ 967\ 295$ 即 $0\sim(2^{32}-1)$	4
[有符号]长整型	long [int]	$-2\ 147\ 483\ 648\sim2\ 147\ 483\ 647$ 即 $-2^{31}\sim(2^{31}-1)$	4
无符号长整型	unsigned long[int]	$0\sim4\ 294\ 967\ 295$ 即 $0\sim(2^{32}-1)$	4
[有符号]双长整型	[signed]long long [int]	$-9\ 223\ 372\ 036\ 854\ 775\ 808\sim$ $9\ 223\ 372\ 036\ 854\ 775\ 807$ 即 $-2^{63}\sim(2^{63}-1)$	8
无符号双长整型	Unsigned long long [int]	$0\sim18\ 446\ 744\ 073\ 709\ 551\ 615$ 即 $0\sim(2^{64}-1)$	8

（2）实型数据。

① 实型常量：有小数和指数两种表示形式。小数形式由十进制数字加小数点组成，**注意必须有小数点**；指数形式由十进制数，后加阶码标志 e 或 E 以及阶码组成。

② 实型变量：实型变量的类型如表 1-2 所示。

表 1-2　实型变量的类型

类别	数据类型名	有效数字	数的范围	字节数
单精度	float	$6\sim7$	$10^{-38}\sim10^{38}$	4
双精度	double	$15\sim16$	$10^{-308}\sim10^{308}$	8

（3）字符型数据。

字符型常量：有普通字符型常量和转义字符型常量两种表示方式。普通字符型常量是用单引号括起来的单个字符；转义字符型常量用单引号括起来，以反斜线\打头，并且后面跟一个或多个特定字符。

字符型变量：字符型变量的类型如表 1-3 所示。

表 1-3　字符型变量的类型

类　　别	数据类型名	数的范围	字节数
[有符号]字符型	char	$-128\sim127$	1
无符号字符型	unsignedchar	$0\sim255$	1

（4）字符串常量。

在 C 语言中，没有字符串型变量，只有字符串常量。它是以一对双引号" "括起来的字符序列。任何字符串末尾都有一个字符\0'，它是字符串结束的标志。

3. 变量定义及初始化

数据类型名　变量名 1[=值 1][，变量名 2[=值 2]，…]；

4. 运算符和表达式

（1）运算符的两个特征：优先级和结合性。

（2）数据类型的两类转换：隐式转换和显式转换。其中隐式转换又分 3 种情况：运算转换、赋值转换和函数调用转换。

（3）算术运算符和算术表达式

算术运算符有＋，－，＊，/，％5 种。其中，％运算符的操作数必须均为整型数据；/运算符如果操作数都是整型，则结果一定是整型，若有小数出现，结果仅取其整数部分，舍弃小数部分。

（4）赋值运算符和赋值表达式。

赋值运算符分为简单赋值运算符、复合赋值运算符两大类。

简单赋值运算符为＝，构成的赋值表达式形式为

变量名=表达式

复合赋值运算符＋＝，－＝，＊＝，/＝，％＝，＜＜＝，＞＞＝，＆＝，^＝，|＝10 种，构成的赋值表达式形式为

变量名 op=表达式

等价于：

变量名=变量名 op 表达式

其中 op 代表＋，－，＊，/，％，＜＜，＞＞，＆，^，|。

无论是"变量名＝表达式"的形式，还是"变量名 op＝表达式"的形式，实质上它们的通式都可以看成是"变量名＝表达式"（注：将"变量名 op 表达式"看成一个新表达式），它具有两层含义：

① 该变量的值现在已经被更改成表达式的值，该变量以前的值被覆盖了；

② 此赋值表达式的值为该变量的值。

（5）逗号运算符和逗号表达式。

在 C 语言中，逗号起两个作用：

① 分隔符作用，用于间隔多个变量定义或者函数定义中的参数等；

② 运算符作用，其对应的逗号表达式一般形式如下。

表达式 1,表达式 2,…,表达式 n

逗号表达式的计算顺序是先计算表达式 1，然后计算表达式 2，…，最后计算表达式 n，并以表达式 n 的值作为该逗号表达式的值，以该值的类型作为该逗号表达式的类型。

（6）自增与自减运算符及表达式。

自增与自减运算符具有两种功能：

① 使变量的值增加 1 或减少 1；

② 取变量的值作为由运算符＋＋或－－构成的表达式的值。

自增与自减运算符分别有前置和后置两种格式。它们的区别在于,前置是先执行功能①,后执行功能②;后置是先执行功能②,再执行功能①。总而言之,无论是前置还是后置,都执行两个功能,只不过执行顺序不同罢了。

(7) sizeof 运算符。

sizeof 运算符构成的表达式一般形式为

sizeof(类型名或变量名)

功能是求出该类型所定义的变量或该变量在内存中所开辟的字节数。

(8) 位运算符。

位运算符分为简单位运算符及其各自对应的位复合运算符。简单位运算符如表 1-4 所示。

表 1-4　简单位运算符

位运算符	含义	举　　例
&	按位与	a&b,a 和 b 中各位按位进行"与"运算
|	按位或	a|b,a 和 b 中各位按位进行"或"运算
^	按位异或	a^b,a 和 b 中各位按位进行"异或"运算
~	取反	~a,对 a 中各位取反
<<	左移	a<<2,a 中各位全部左移 2 位
>>	右移	a>>2,a 中各位全部右移 2 位

注意:参加运算的数只能是整型或字符型的数据,不能为实型数据。

① 按位与运算符(&)。

功能:参与运算的两数各对应的二进制位相与。只有对应的两个二进制位均为 1 时,结果位才为 1,否则为 0。

② 按位或运算符(|)。

功能:将参与运算的两数各对应的二进制位相或。只要对应的两个二进制位有一个为 1 时,结果位就为 1。

③ 异或运算符(^)。

功能:参与运算的两数各对应的二进制位相异或。当对应的两个二进制位相异时,结果为 1,否则为 0。

④ 取反运算符(~)。

功能:对参与运算的数的各二进制位取反。

⑤ 左移运算符(<<)。

功能:把<<左边的运算量的各二进制位全部左移若干位,<<右边的数指定移动的位数,移位时高位丢弃,低位补 0。

⑥ 右移运算符(>>)。

功能:把>>左边的运算数的各二进制位全部右移若干位,>>右边的数指定移动的位数。

右移运算的运算规则是将一个数的各二进制位全部右移若干位,移出的位丢失,左边空出的位的补位情况分为以下两种。

- 对无符号的 int 或 char 类型数据来说,右移时左端补零。
- 对有符号的 int 或 char 类型数据来说,如果符号位为 0(即正数),则左端也补入 0;如果符号位为 1(即负数),则左端补入的全是 1,这就是所谓的算术右移。VC2010 编译系统采用的就是算术右移。

⑦ 不同长度的数据进行位运算。

如果两个数据长度不同,进行位运算时,系统会将二者按右端对齐,然后将数据长度短的进行位扩展,使得它们的长度相等之后再进行运算。对于数据长度短的数据,在扩展的区域填充数据有如下两种情况:

- 如果数据长度短的数据是无符号数,则均填充 0;
- 如果数据长度短的数据是有符号数,又分为两种情况,为正数则填充 0,为负数则填充 1。实质上这两种填充规则都是为了保持原有数据的值不变。

5. 宏常量与常变量

宏常量是通过预处理命令♯define 将一个字符串代替某个字面常量,达到见面知意,一改全改。

常变量是通过在变量定义前加上 const,使得该变量的值不能修改。

1.2 编 程 技 能

1.2.1 VC2010 的安装

Microsoft Visual C++ 2010 Express 是微软推出的一款免费的学习软件(亦称学习版),以下简称 VC 2010。具体操作步骤如下。

(1) 打开解压后的文件夹,找到 setup 文件双击开始安装,如图 1-1 所示。

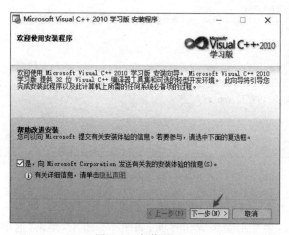

图 1-1　安装界面一

（2）单击图 1-1 中"下一步"按钮，结果如图 1-2 所示。

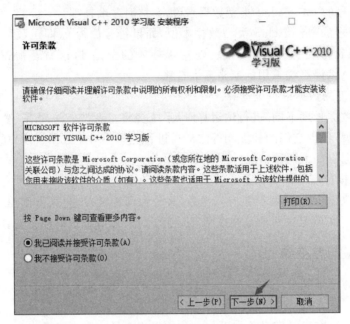

图 1-2　安装界面二

（3）单击图 1-2 中"下一步"按钮，结果如图 1-3 所示

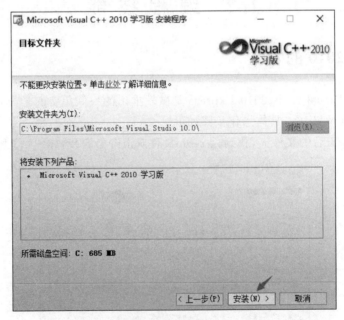

图 1-3　安装界面三

（4）单击图 1-3 中"安装"按钮，此时软件正处于安装状态，如图 1-4 所示。

（5）几分钟之后，会显示安装成功界面，如图 1-5 所示，单击"退出"按钮即完成安装。

图 1-4　安装界面四

图 1-5　安装界面五

1.2.2　VC2010 环境程序开发步骤

单击桌面任务栏左边按钮⊞，找到 <kbd>Microsoft Visual C++ 2010 Express</kbd>，双击打开，出现如图 1-6 所示

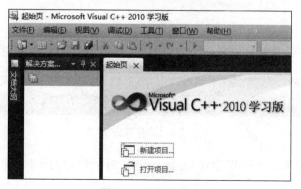

图 1-6　开发界面一

的窗口界面。

在 VC2010 环境上开发 C 语言程序，需要经过以下几个步骤。

第一步：依次选择"文件"→"新建"→"项目"命令，如图 1-7 所示。打开"新建项目"对话框。

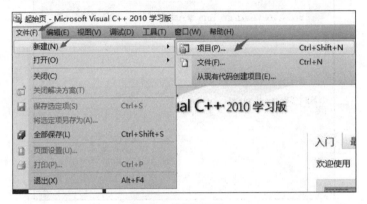

图 1-7　开发界面二

第二步：选中"Win32 控制台应用程序"，在"解决方案名称"中输入解决方案名称，如 C_study，在"名称"中输入项目名称，如 P01_1，选中"为解决方案创建目录"复选框，如图 1-8 所示，再单击"确定"按钮。

图 1-8　开发界面三

第三步：弹出"Win32 应用程序向导-P01_1"对话框，如图 1-9 所示，单击"下一步"按钮。

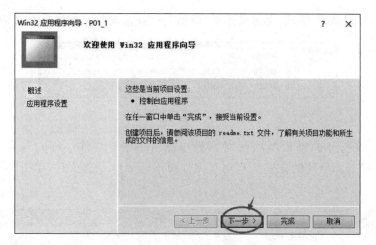

图 1-9　开发界面四

第四步：在接下来的"Win32 应用程序向导"对话框中，选中"空项目"复选框，单击"完成"按钮，如图 1-10 所示。

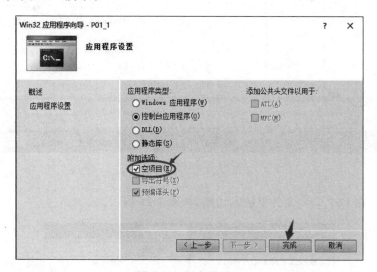

图 1-10　开发界面五

此时，VC2010"解决方案资源管理器"窗口的界面如图 1-11 所示。

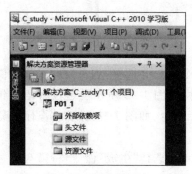

图 1-11　开发界面六

第五步：右击源文件，依次选择菜单"添加"→"新建项"命令，如图 1-12 所示。

图 1-12　开发界面七

第六步：在打开的添加新项的对话框中选择"C++ 文件(.cpp)"，在名称中输入 P01_1.C，".C"表示新建的文件是 C 语言文件而不是 C++ 语言文件，单击"添加"按钮，如图 1-13 所示。

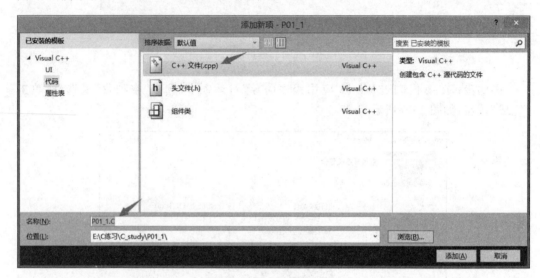

图 1-13　开发界面八

第七步：在 P01_1.C 文件里输入代码，如图 1-14 所示。

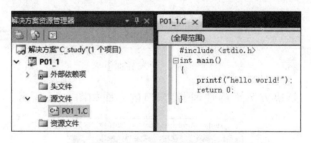

图 1-14　开发界面九

第八步：右击源文件 P01_1.C 并选择"编译"命令，或按快捷键 Ctrl+F7，将 P01_1.C 文件编译成 P01_1.OBJ 文件，如图 1-15 所示。若没有语法错误，输出窗口就会出现"成功 1 个，失败 0 个，……"提示信息，如图 1-16 所示。若有错误信息，请参考 2.2.2 节 C 语言错误分类的内容。

第九步：右击项目 P01_1 并选择"生成"命令，将第八步编译生成的 P01_1.OBJ 文件

图 1-15 开发界面十

连接成 P01_1.EXE 文件,如图 1-17 所示。若没有连接错误,则输出窗口输出的提示信息如图 1-18 所示,若有错误信息,请参考 2.2.2 节。

图 1-16 开发界面十一　　　　　　　　　　图 1-17 开发界面十二

第十步:按快捷键 Ctrl+F5 运行 P01_1.EXE,出现运行结果,如图 1-19 所示。若显示结果正确,本程序运行结束。否则,需要分析检查程序错误,然后重复第八～第十步。

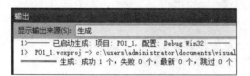

图 1-18 开发界面十三　　　　　　　　　　图 1-19 开发界面十四

1.3 实践训练

实训 1　C 程序的编程环境及使用方法

一、实训目的

(1) 了解 VC2010 编程环境,掌握在该环境下编程的一般方法;
(2) 掌握在一个解决方案中建立多个项目的方法;
(3) 学会在多个项目中切换、编辑和生成可执行文件。

二、实训准备

(1) 复习 C 程序结构特点和书写规范;

（2）复习 VC2010 环境解决方案和项目、文件的建立方法；

（3）复习 C 程序的编译连接和运行方法。

三、实训内容

1. 跟着练：输出 hello world。

要求按照 1.2.2 节的操作步骤新建解决方案 C_study，项目名 P01_01 和文件名 P01_01.c，然后输入以下程序并保存，调试运行程序，查看运行结果。

```c
#include <stdio.h>
int main()
{
    printf("hello world!\n");
    return 0;
}
```

2. 跟着练：简单输入输出。

要求在第 1 题所建解决方案 C_study 里新建项目和文件，项目名 P01_02，文件名 P01_02.c。操作步骤如下：

第一步：右击解决方案 C_study，依次选择"添加"→"新建项目"命令，如图 1-20 所示。

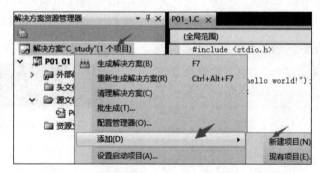

图 1-20　在解决方案中新建第二个项目界面一

第二步：在"添加新项目"对话框中选中"Win32 控制台应用程序"，在名称中输入 P01_02，如图 1-21 所示，单击"确定"按钮。

第三步：重复 1.2.2 节中的第三步至第十步，输入文件名为 P01_02.c，然后输入以下程序并保存，调试运行程序，查看运行结果。

```c
#include <stdio.h>
int main()
{
    int i,j;
    printf("please input your roll number:");
    scanf("%d",&i);
    printf("please input your age:");
```

```
    scanf("%d",&j);
    printf("My roll number is NO.%d,",i);
    printf("\n");
    printf("I am %d years old.",j);
    return 0;
}
```

注意：若运行结果仍然是第 1 题的结果，按照本节"四、常见问题"中的第（3）条处理解决。

图 1-21　在解决方案中新建第二个项目界面二

3. **跟着练**：编写求两个整数的较大值的函数，然后调用该函数。

要求在第 1 题所建的解决方案 C_study 里新建项目和文件，项目名 P01_03，文件名 P01_03.c，操作步骤同题 2。输入以下程序并保存，调试运行程序，查看运行结果。

```
#include <stdio.h>
int mymax(int a,int b);
int mymax(int a,int b)
{
    if(a>b)
        return a;
    else
        return b;
}
int main()
```

```
{
    int x,y,z;
    printf("input two numbers:\n");
    scanf("%d%d",&x,&y);
    z=mymax(x,y);
    printf("max=%d",z);
    return 0;
}
```

4. 跟着练：修改程序并重命名文件。

要求不新建项目和文件，在第 2 题中添加"是否是本地人（Y 表示是，N 表示不是）"并运行，要求项目改名为 P01_04，文件改名为 P01_04.c。操作步骤如下。

第一步：右击项目 P01_02，选择"重命名"命令，此时 P01_02 处于可编辑状态，将其改为 P01_04，如图 1-22 所示。

第二步：右击 P01_02.c，将其改为 P01_04.c，如图 1-23 所示。

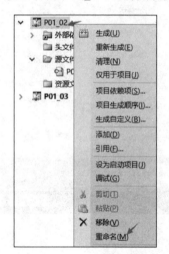

图 1-22　重命名项目界面

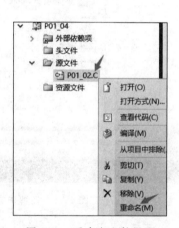

图 1-23　重命名文件界面

第三步：右击项目 P01_04，选择"设为启动项目"命令，如图 1-24 所示。

```
#include <stdio.h>
int main()
{
    int i,j;
    char bp;
    printf("Are you a native?");
    scanf("%c",&bp);
    printf("please input your roll number:");
    scanf("%d",&i);
    printf("please input your age:");
    scanf("%d",&j);
```

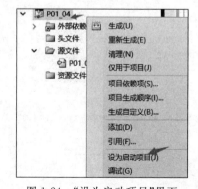

图 1-24　"设为启动项目"界面

```c
    printf("Your roll number is NO.%d.",i);
    printf("\n");
    printf("Your age is %d years old.",j);
    printf("\n");
    printf("Are you native or not?(%c).",bp);
    return 0;
}
```

5. 跟着练：编写求两个实数的较小值的函数,并调用该函数。

要求在第 1 题所建的解决方案 C_study 里新建项目和文件,项目名 P01_05,文件名 P01_05.c,操作步骤同题 2。输入以下程序并保存,调试运行程序,查看运行结果。

```c
#include <stdio.h>
double mymin(double a,double b);
double mymin(double a,double b)
{
    if(a<b)
        return a;
    else
        return b;
}
int main()
{
    double x,y,z;
    printf("input two numbers:\n");
    scanf("%lf%lf",&x,&y);
    z=mymin(x,y);
    printf("max=%lf",z);
    return 0;
}
```

四、常见问题

(1) 错误创建项目、文件的解决办法。

初学者在使用 VC2010 时,经常犯创建项目和创建文件错误,一旦犯了这种错误,输出窗口会出现很多莫名其妙的错误提示,初学者不知道从何处下手。例如,创建项目选择了 [Win32 项目],则输出窗口出现如下错误提示：

MSVCRTD.lib(crtexew.obj) : error LNK2019:无法解析的外部符号 _WinMain@16,该符号在函数 ___tmainCRTStartup 中被引用。

(2) 同一项目下出现多个源代码的判断和解决方法。

通常来讲,做一道题需要创建一个项目,并在该项目中添加 C 源文件,若没有创建项目,而是直接创建 C 源文件,导致一个项目中有两个 main 函数,在生成时输出窗口有如下错误提示：

```
P01_04.obj : error LNK2005: _main 已经在 22.obj 中定义。
```

（3）设置启动项目。

运行程序看结果时，发现运行的界面对应的是上次运行的程序，而不是当前程序，这是由于没有将当前项目设置为启动项目。解决方法：右击当前项目，在弹出的快捷菜单中选择"设为启动项目"命令。

（4）VC2010 的退出、项目的清理、解决方案的打包与拆包。

若想重新新建解决方案，需要把当前解决方案关闭，可以按照图 1-25 的操作完成。

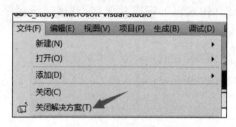

图 1-25　关闭解决方案

若需要对项目中的中间文件和输出文件进行清理，以减少空间，可以按照图 1-26 的操作完成。

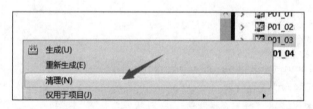

图 1-26　清理文件

若需要把当前解决方案中的所有项目保存在 U 盘等外部存储器上，可将包含解决方案的文件夹复制到外部存储器。

（5）VC2010 的重新打开，以前项目的载入。

若想接着上次的项目往下做，只要找到上次的解决方案文件（文件扩展名为 .sln），双击打开即可，如图 1-27 所示。

图 1-27　重新打开解决方案

若想把一个解决方案里某个项目加载到另一个解决方案里，首先将该项目对应的文件夹复制到目标解决方案对应的文件夹里，然后按照如下步骤完成加载。

① 右击解决方案，选择"添加"命令，如图 1-28 所示。

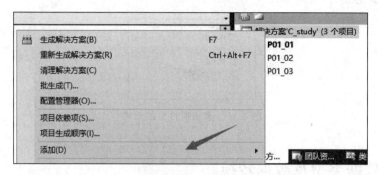

图 1-28　选择"添加"

② 选择"现有项目"命令，如图 1-29 所示。

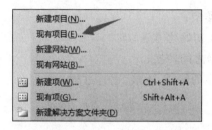

图 1-29　选中"现有项目"

③ 打开"添加现有项目"对话框，找到项目文件，单击"打开"按钮，如图 1-30 所示。

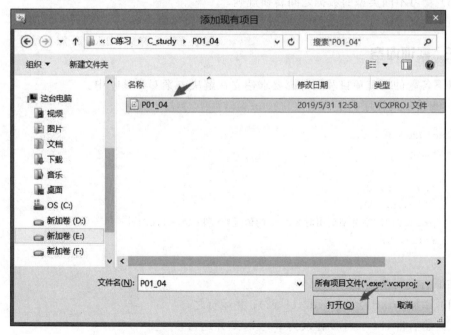

图 1-30　添加现有项目

上述三步完成后,效果如图 1-31 所示。

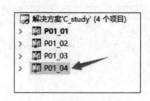

图 1-31 添加项目后的效果

实训 2 数据类型及数据转换

一、实训目的

(1) 掌握 C 语言数据类型;

(2) 熟悉变量的定义及初始化方法;

(3) 掌握不同类型数据之间转换;

(4) 进一步熟悉 C 程序的编译、连接、运行过程。

二、实训准备

(1) 复习 C 语言的基本数据类型;

(2) 复习变量的定义及初始化方法;

(3) 复习不同类型的数据之间转换规则;

(4) 认真阅读以下实训内容,完成预习要求中的各项任务。

三、实训内容

以下各题的所有项目和文件都要求建立在解决方案 C_study 中。

1. 阅读下列程序:

```c
#include <stdio.h>
int main()
{
    char  c1,c2;
    c1=97,c2=98;
    printf("按字符型输出时 c1、c2 的值是%c 和%c",c1,c2);
    return 0;
}
```

在原有代码基础上,

(1) 添加 printf("%d,%d",c1,c2);并运行之;

(2) 然后将 char c1,c2 修改为 int c1,c2 并运行;

(3) 再将 c1=97,c2=98 修改为 c1=300,c2=400 并运行;

(4) 最后将 int c1,c2 改为 char c1,c2 观察结果。

预习要求:厘清程序思路,按测试说明填充表 1-5 中的预测结果。

上机要求:建立项目 P01_06 和文件 P01_06.c,按要求输入程序并运行,在表 1-5 中记录实际运行结果,并看看与预测结果是否一致,思考为什么是这个结果。

提示:300 和 400 超出了一个字节表示数的范围。

表 1-5　题 1 测试用表

序号	测 试 说 明	预测结果	实际运行结果
1	原有代码		
2	添加 printf("%d,%d",c1,c2);		
3	将 char c1,c2 修改为 　　int c1,c2		
4	将 c1＝97,c2＝98 修改为 　　c1＝300,c2＝400		
5	将 int c1,c2 改为 　　char c1,c2		

2. 阅读下列程序:

```
#include <stdio.h>
int main()
{
    char c1='a',c2='b',c3='c',c4='\101',c5='\116';
    printf("a%cb%c\tc%c\tabc\n",c1,c2,c3);
    printf("\t\b%c%c",c4,c5);
    return 0;
}
```

预习要求:厘清程序思路,填充表 1-6 中的预测结果。

上机要求:建立项目 P01_07 和文件 P01_07.c,输入程序并运行,在表 1-6 中记录实际运行结果,并看看与预测结果是否一致,思考为什么是这个结果。

表 1-6　题 2 测试用表

序号	预 测 结 果	实际运行结果
1		

3. 阅读下列程序:

```
#include <stdio.h>
int main()
{
    char c0=1,c1=03,c2='\x4',c3='\5',c4=0x6,c5=2.0;
    printf("%c%c%c%c%c%c",c0,c1,c2,c3,c4,c5);
    return 0;
}
```

预习要求：厘清程序思路，填充表 1-7 中的预测结果。

上机要求：建立项目 P01_08 和文件 P01_08.c，输入程序并运行，在表 1-7 中记录实际运行结果，并看看与预测结果是否一致，思考为什么是这个结果。

表 1-7 题 3 测试用表

序号	预 测 结 果	实际运行结果
1		

4. 阅读下列程序：

```c
#include <stdio.h>
int main()
{
    char c1='a',c2='\x61',c3='\141',c4=97,c5=0141,c6=0x61,c7,c8,c9,c10;
    c7=97.0;
    c8=97.5f;
    c9=9.7e1;
    c10=.97e2f;
    printf("%c%c%c%c%c%c%c%c%c%c",c1,c2,c3,c4,c5,c6,c7,c8,c9,c10);
    return 0;
}
```

预习要求：厘清程序思路，填充表 1-8 中的预测结果。

上机要求：建立项目 P01_09 和文件 P01_09.c，输入程序并运行，在表 1-8 中记录实际运行结果，并看看与预测结果是否一致，思考为什么是这个结果。

表 1-8 题 4 测试用表

序号	预 测 结 果	实际运行结果
1		

5. 阅读以下程序：

```c
#include <stdio.h>
int main ()
{
    short int a=32767,b=a+2;
    printf("%d,%d",a,b);
    return 0;
}
```

预习要求：厘清程序思路，填充表 1-9 中的预测结果。

上机要求：建立项目 P01_10 和文件 P01_10.c，输入程序并运行，在表 1-9 中记录实际运行结果，并看看与预测结果是否一致，思考为什么是这个结果。

表 1-9　题 5 测试用表

序号	预 测 结 果	实际运行结果
1		

6. 阅读以下程序：

```c
#include <stdio.h>
int main ()
{
    char a='\x61',b='\xff';
    printf("%d,%d,%u,%u",a,b,a,b);
    return 0;
}
```

预习要求：厘清程序思路，填充表 1-10 中的预测结果。

上机要求：建立项目 P01_11 和文件 P01_11.c，输入程序并运行，在表 1-10 中记录实际运行结果，并看看与预测结果是否一致，思考为什么是这个结果。

表 1-10　题 6 测试用表

序号	预 测 结 果	实际运行结果
1		

四、常见问题

数据类型及运算符使用时常见的问题如表 1-11 所示。

表 1-11　数据类型及运算符使用时常见问题

常见错误实例	常见错误描述	错误类型
int a＝b＝3;	违背了定义多个同类型变量初始化规则。正确形式： int a＝3,b＝3;	语法错误
char a＝'\xhh'	h 是代表十六进制的任意数码，是单词 hexadecimal 的首字母	语法错误

实训3　运算符和表达式

一、实训目的

（1）掌握算术表达式及运算；

（2）掌握赋值表达式及运算；

（3）掌握强制类型转换的应用；

（4）掌握自增（＋＋）和自减（－－）运算；

（5）掌握逗号表达式的应用；

（6）熟悉位运算操作。

二、实训准备

（1）复习 C 语言各种运算符的功能和优先级；

（2）复习算术运算和赋值运算的类型转换和强制类型转换规则；

（3）复习自增和自减运算符的前置和后置；

（4）复习逗号表达式的应用；

（5）复习位运算符表达式的计算；

（6）认真阅读以下实训内容，完成预习要求中的各项任务。

三、实训内容

以下各题的所有项目和文件都要求建立在解决方案 C_study 中。

1. 程序填空：输入两个整数，输出带有余数的算式。如输入 5 和 3，结果如图 1-32
所示。

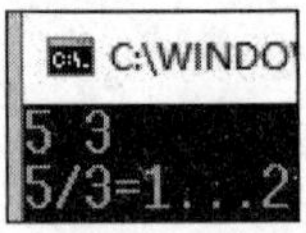

部分代码如下：

```
#include <stdio.h>
int main()
{
    int a,b;
    scanf("%d%d",&a,&b);
    printf("____(1)____",____(2)____);
    return 0;
}
```

图 1-32　带余数的算式

预习要求：厘清程序思路，将程序补充完整；设计并填充如表 1-12 所示测试输入及
预测结果。

上机要求：建立项目 P01_12 和文件 P01_12.c，调试运行程序，在表 1-12 中记录实际
运行结果并看看与预测结果是否一致，思考为什么是这个结果。

表 1-12　题 1 测试用表

序号	测 试 输 入	预 测 结 果	实际运行结果
1			

2. 阅读以下程序：

```
#include <stdio.h>
int main()
{
```

```
        printf("%f,%f,%f,%f\n",(double)(5/2),(double)5/2,1.0*5/2,5/2*1.0);
        printf("%f,%f,%f,%f\n",5.0/2,5/2.0,5.0/2.0,5/2);
        return 0;
}
```

预习要求：厘清程序思路，填充表 1-13 中的预测结果。

上机要求：建立项目 P01_13 和文件 P01_13.c，输入程序并运行，在表 1-13 中记录实际运行结果，并看看与预测结果是否一致，思考为什么是这个结果。

表 1-13　题 2 测试用表

序号	预 测 结 果	实际运行结果
1		

3. 阅读以下程序：

```
#include <stdio.h>
int main ( )
{
        int i,j,m,n;
        i=8;
        j=10;
        m=++i;
        n=j++;
        printf("%d,%d,%d,%d",i,j,m,n);
        return 0;
}
```

(1) 运行程序，观察并记录 i,j,m,n 的值；

(2) 将程序分别做以下改动后运行：

① 将 m＝＋＋i 改为 m＝i＋＋，n＝j＋＋改为 n＝＋＋j 观察并记录 i,j,m,n 的值；

② 将程序修改如下，观察并记录运行结果；

```
#include <stdio.h>
int main()
{
        int i,j;
        i=8;
        j=9;
        printf("%d,%d",i++,j++);
        return 0;
}
```

③ 在②基础上，将 printf("％d,％d",i＋＋,j＋＋)改为 printf("％d,％d",＋＋i,＋＋j)观察并记录运行结果；

④ 继续将 printf("%d,%d",＋＋i,＋＋j)改为 printf("%d,%d,%d,%d",i,j,i＋＋,j＋＋)观察并记录运行结果。

预习要求：厘清程序思路,按测试说明填充表 1-14 中的预测结果。

上机要求：建立项目 P01_14 和文件 P01_14. c,输入程序并运行,在表 1-14 中记录实际运行结果,并看看与预测结果是否一致,思考为什么是这个结果。

表 1-14 题 3 测试用表

序号	测试说明	预 测 结 果	实际运行结果
1	(1)		
2	(2)①		
3	(2)②		
4	(2)③		
5	(2)④		

4. 阅读以下程序：

```c
#include <stdio.h>
int main ( )
{
    int x,y,a,b;
    x=(a=3,6*3);
    y=b=3,6*b;
    printf("%d,%d,%d,%d,%d",x,y,a,b,(x,y,a,b));
    return 0;
}
```

预习要求：厘清程序思路,填充表 1-15 中的预测结果。

上机要求：建立项目 P01_15 和文件 P01_15. c,输入程序并运行,在表 1-15 中记录实际运行结果,并看看与预测结果是否一致,思考为什么是这个结果。

表 1-15   题 4 测试用表

序号	预 测 结 果	实际运行结果
1		

5. 阅读以下程序：

```c
#include <stdio.h>
int main ( )
{
    int a=9,b=-5,c;
    c=a&b;
    printf("%d&&%d=%d\n",a,b,c);
```

```
c=a|b;
printf("%d|%d=%d\n",a,b,c);
c=a^b;
printf("%d^%d=%d\n",a,b,c);
c=~a;
printf("~%d=%d\n",a,c);
c=b>>2;
printf("%d=%d>>2\n",c,b);
c=b<<2;
printf("%d=%d<<2\n",c,b);
return 0;
}
```

预习要求：厘清程序思路，填充表 1-16 中的预测结果。

上机要求：建立项目 P01_16 和文件 P01_16.c，输入程序并运行，在表 1-16 中记录实际运行结果，并看看与预测结果是否一致，思考为什么是这个结果。

表 1-16　题 5 测试用表

序号	预 测 结 果	实际运行结果
1		

四、常见问题

运算符和表达式使用时常见的问题如表 1-17 所示。

表 1-17　运算符和表达式使用时常见问题

常见错误实例	常见错误描述	错误类型
b^2-4ac	代数式写成 C 语言表达时没有^运算符并缺少 * 运算符	语法错误
int a=2,b=3; double area; area=a * b/2 / * 求三角形面积 * /	两个整数相除，结果仍为整数	逻辑错误
a%2=1	赋值运算符的左操作数必须是变量	语法错误

练　习　1

完成以下课后练习时，各题的所有项目和文件都建立在解决方案 C_study 中。

1. 程序填空（项目名 E01_01，文件名 E01_01.c）：下面给出一个可以运行的程序，但是缺少部分语句，请按右边的提示补充完整，并在 VC2010 上进行验证。

部分代码如下：

```
#include <stdio.h>
int main()
{
    ____(1)____ ;             /*定义整型变量 a 和 b*/
    ____(2)____ ;             /*定义实型变量 i 和 j*/
    a=5;
    b=6;
    i=3.14;
    j=i*a*b;
    printf("a=%d,b=%d,i=%f,j=%f\n", a, b, i, j);
    return 0;
}
```

2. 阅读下面程序,先手工写出结果,然后输入程序,编译连接运行进行验证,如果不一致,思考为什么。要求项目名为 E01_02,文件名为 E01_02.c。

```
#include <stdio.h>
int main()
{
    float a;
    int b, c;
    char d, e;
    a=3.5;
    b=a;
    c=330;
    d=c;
    e='\\';
    printf("%f,%d,%d,%c,%c", a,b,c,d,e);
        return 0;
}
```

3. 阅读下面程序,先手工写出结果,然后输入程序,编译、连接、运行进行验证,如果不一致,思考为什么。要求项目名为 E01_03,文件名为 E01_03.c。

```
#include <stdio.h>
int main()
{
    int a, b, c;
    double d=15, e, f;
    a=35%7;
    b=15/10;
    c=b++;
    e=15/10;
    f=d/10;
    printf("%d,%d,%d,%f,%f,%f", a,b,c,d,e,f);
```

```
    return 0;
}
```

4. 编写程序(项目名 E01_01,文件名 E01_01.c)：验证"赋值运算的运算次序是从右向左进行"的语法现象。

5. 程序填空(项目名 E01_04,文件名 E01_04.c)：输入一个整数 x,判断运算 x&1,使得奇数输出 YES,偶数输出 NO。

部分代码如下：

```
#include <stdio.h>
int main()
{
    int x;
    scanf("%d",&x);
    if(x&1)
        printf("____(1)____");
    else
        printf("____(2)____");
    return 0;
}
```

第2章

顺序结构程序设计

2.1　知识点梳理

1. C 语句分类

（1）控制语句。

① 选择结构控制语句。如 if 语句、switch 语句。

② 循环结构控制语句。如 do-while 语句、while 语句、for 语句。

③ 其他控制语句。如 goto 语句、return 语句、break 语句、continue 语句。

（2）变量定义语句。

数据类型后接变量名（如果有多个变量名，则用逗号分隔）和分号构成的语句。

（3）函数调用语句。

由函数调用加一个分号构成的语句。

（4）表达式语句。

由表达式后加一个分号构成的语句。最典型的是赋值表达式语句。

（5）空语句。

由一个分号构成的语句，表示什么操作也不执行。

（6）复合语句。

由一对大括号{}括起来的一组语句构成，又称块语句。**注意，复合语句在 C 语言语法上视为一条语句。**

2. 数据的基本输入输出

（1）基本输入输出函数。

表 2-1 列出了两类输入输出函数。

表 2-1　基本的输入输出函数

必须使用预处理命令	＃include ＜stdio.h＞	
处理方式	输入	输出

字符输入与输出的用法	变量＝getchar()	putchar(参数)
格式输入与输出的用法	scanf("格式控制串",输入参数列表)	printf("格式控制串",输出参数列表)

① getchar 函数的作用：从终端(键盘)接收一个字符，即 getchar()函数的值(返回值)为该字符，通常将该字符赋给一个变量。

② putchar 函数的作用：将 putchar 函数的参数的值所对应的字符输出到终端(显示器)，该参数可以是变量、常量或者表达式。

③ scanf 函数的作用：按照格式控制串的格式从终端(键盘)中读入数据到变量中，通常，格式控制串只需％加格式字符即可，而且要注意输入参数列表中各个变量的前面通常要加取地址符号 &。

④ printf 函数的作用：将输出参数列表的值按照格式控制串的格式输出到终端(显示器)，为了让显示结果更具有解释性，通常，格式控制串既含有％加格式字符的组合，也含有具有解释性质的普通字符。

(2) printf 函数的格式字符。

表 2-2 列出了 printf 函数常见的格式字符。

表 2-2　printf 函数常见的格式字符

格式字符	意　义
d 或者 i	以十进制有符号数形式输出整数(正数不输出＋,负数输出-)
u	以十进制形式输出无符号整数
o	以八进制无符号数形式输出整数(不输出前缀 0)
x,X	以十六进制无符号数形式输出整数(不输出前缀 0x),用 x 时,输出十六进制数的 a～f 时以小写形式输出;用 X 时,以大写字母形式输出
c	输出单个字符
s	输出字符串
f	以小数形式输出单、双精度实数,整数部分全部输出,隐含输出 6 位小数,输出的数字并非全部是有效数字,float 型的有效位数为 6～7 位,double 型的有效位数为 15～16 位
e,E	以指数形式输出单、双精度实数,输出的数据小数点前必须有且仅有 1 位非零数字
％	输出％

(3) printf 函数的修饰符。

表 2-3 列出了 printf 函数的修饰符。

表 2-3　printf 函数常见的修饰符

修　饰　符	用法及功能
最小域宽 m (整数)	输出数据域所占的宽度,如果数据宽度<m,左补空格;如果数据宽度>m,按照实际宽度全部输出数据

修　饰　符	用法及功能
显示精度.n （大于或等于 0 的整数）	对实数,指定小数点后位数(四舍五入)
	对字符串,指定实际输出字符个数
—	输出数据在域内左对齐(默认右对齐)
＋	指定在有符号数的正数前显示正号(＋)
0	输出数值时指定左边不使用的空位置自动填 0
＃	在八进制和十六进制数前显示前导 0、0x
h	在 d、o、x、u 前指定输出精度为 short 型
l(L)	在 d、o、x、u 前,指定输出精度为 long 型(在 vc2010 下,int 与 long 完全一样,可以不考虑该修饰符)
	在 e、f、g 前,指定输出精度为 double 型

（4）scanf 函数的格式字符。

表 2-4 列出了 scanf 函数常见的格式字符。

表 2-4　scanf 函数常见的格式字符

格式	字　符　意　义
d 或者 i	输入十进制整数
o	输入无符号的八进制整数
x	输入无符号的十六进制整数
f 或 e	输入实型数(用小数形式或指数形式)
c	输入单个字符,任何字符(包括空格、回车、Tab 键等)都作为一个有效字符输入
s	输入字符串,遇到空格、回车时结束

（5）scanf 函数的修饰符。

表 2-5 列出了 scanf 函数常见的修饰符。

表 2-5　scanf 函数常见的修饰符

修饰符	功　　能
m	指定输入数据宽度,系统自动按照此宽度截取所需数据
＊	抑制符,指定输入项读入后不赋给变量
h	用于 d,o,x,u 前,指定输入为 short 型整数
l	用于 d,o,x,u 前,指定输入数据为 long 型
	用于 e,f 前,指定输入数据为 double 型

注意：

（1）函数 scanf 没有精度.n 格式的修饰符号；

（2）用 VC 在汇编级跟踪可知，调用 printf 函数时，float 类型的参数都是先转化为 double 类型后再传递的，所以用％f 可以输出 double 和 float 两种类型的数据，不必用％lf 输出 double 型数据；但在 scanf 函数中，double 型变量必须用％lf，float 型变量必须用％f。

3. 常用的计算函数

（1）常用的数学函数。

使用该类函数，必须加上预处理命令：＃include ＜math.h＞

表 2-6 列出了常用数学库函数。

表 2-6　常用数学库函数

库函数原型	数学含义	举　例
double sqrt(double x);	$\sqrt{x}$	$\sqrt{8}\rightarrow$ sqrt(8)
double exp(double x);	e^x	$e^2 \rightarrow$ exp(2)
double pow(double x, double y);	x^y	$1.05^{5.31} \rightarrow$ pow(1.05, 5.31)
double log(double x);	$\ln x$	ln3.5 → log(3.5)
double log10(double x);	$\log x$	log3.5 → log10(3.5)
double fabs(double x);	$\lvert x \rvert$	$\lvert -29.6 \rvert \rightarrow$ fabs(-29.6)
double sin(double x);	$\sin x$	sin2.59 → sin(2.59)
double cos(double x);	$\cos x$	cos1.97 → cos(1.97)
double tan(double x);	$\tan x$	tan3.5 → tan(3.5)
double ceil(double x)	向上舍入	将 0.8 向上舍入→ceil(0.8)
double floor(double x)	向下舍入	将 0.8 向下舍入→floor(0.8)

注意：三角函数的参数为弧度而不是度，如数学上的 sin30°，其对应的 C 语言表达式为 sin(3.14 * 30/180)或者 sin(30.0/180 * 3.14)等。

（2）伪随机函数。

使用该类函数，必须加上预处理命令：＃include ＜stdlib.h＞

表 2-7 列出了伪随机库函数。

表 2-7　伪随机库函数

库函数原型	举例	备　注
int rand(void)	产生一个伪随机整数	产生 0～RAND_MAX 间的伪随机数。RAND _MAX 是在 stdlib.h 中定义的一个符号常量，其值与具体的库函数有关。在 VC2010 环境下是 32 767

库函数原型	举例	备　注
void srand(unsigned int seed)	初始化伪随机数产生器	如果 seed 相同,则产生的随机数序列完全相同。为了让每次运行产生不同的数据,应该让 seed 的值不同,如用时间作为 seed 的值

2.2　编程技能

2.2.1　scanf 函数使用

（1）如果 scanf 函数的格式控制串含有普通字符,必须输入该普通字符,才能保证变量的值正确。

例如,已经存在以下代码段:

```
int a,b;
scanf("a=%d,b=%d",&a,&b);
```

若要 a 的值为 3,b 的值为 5,必须输入 a=3,b=5↙（↙为回车）才能使 a 和 b 分别为 3 和 5。

（2）如果 scanf 函数的格式控制串中数值格式在前面,字符格式在后面,要避免在输入数值型数据之后,可能输入的空格、回车和 Tab 键等字符刚好被字符格式接受。举例如下。

情形一,有如下代码段:

```
int a;
char b;
scanf("%d%c",&a,&b);          /* %d 在前,%c 在后 */
```

最终的目的是使 a=5,b='a',查看如何输入?

方式 1：5a↙　　　　结果：正确。

方式 2：5□a↙　　　结果：a=5,b='□',错误。（□表示空格）

方式 3：5<Tab>a↙　结果：a=5,b='\t',错误。（注：转义字符 '\t' 是 Tab 键对应的字符）

方式 4：5↙　（注：字符 a 没有办法输入）结果：a=5,b='\n',错误。（注：转义字符 '\n' 是回车键对应的字符）

总结：只有方式 1 正确,其余均错误,错误原因是 %c 接受了 5 后面的字符（如空格、Tab 键等）,所以只要消除 5 后面的字符,问题就解决了,方法是将 scanf("%d%c",&a,&b) 改为 scanf("%d%＊c%c",&a,&b)。

情形二,有如下代码段:

```
int a;
```

```
char b;
scanf("%d",&a);              /*%d在前*/
scanf("%c",&b);              /* %c在后*/
```

使得 a=5,b='a',若仍采用以上方式输入,同样只有方式 1 正确,但通过如下方法也能使方式 2 到方式 4 得到正确结果,将原有代码修改如下。

方法 1:在 scanf 之间加入 getchar 函数吸收 scanf("%d",&a)在输入 5 时后面跟着的字符,即修改代码如下:

```
scanf("%d",&a);              /*%d在前*/
getchar();                    /接受上面 scanf 函数输入时剩下的一个字符*/
scanf("%c",&b);              /* %c在后*/
```

但此方法的缺点是只能接受 5 后面的一个字符,如果 5 后面的字符不止一个或是未知个数,该方法会失效,必须用方法 2。

方法 2:在 scanf 之间加入清除输入缓冲残留数据的函数 flushall()或 fflush(stdin),即修改代码如下:

```
scanf("%d",&a);              /*%d在前*/
flushall();                   /*用 fflush(stdin)也可以,stdin 在第 10 章做介绍*/
scanf("%c",&b);              /* %c在后*/
```

2.2.2　C 语言错误分类

只有多编程,多调试,才能真正提高编程能力。程序出错是普遍现象,即使是经验丰富的程序员,也无法避免错误,程序调试需要在实践中积累经验、掌握技巧,学会调试程序是提高实际编程能力的重要保证。

C 语言程序有语法错误、逻辑错误和运行错误 3 种错误类型。

(1) **语法错误**:指编写的语句不符合 C 语言的语法规则所产生的错误,在编译和连接阶段产生。该错误可以通过编译器给出的出错信息(出错行号及出错原因)较易定位(双击出错信息即可定位)。例如,当出现如图 2-1 所示的 error 和 warning 信息时,鼠标拉动右边的滚动条,找到出错信息,在出错信息行上双击,此时再回到程序编辑区,观察到程序编辑区的最左端多了一个小箭头,该箭头所指向的行就是该语法错误出现的大概位置,可能在箭头所指行,也可能在前一行或后一行,如图 2-2 所示。

```
1>
1>生成失败。
1>
1>已用时间 00:00:00.64
========== 生成: 成功 0 个, 失败 1 个, 最新 0 个, 跳过 0 个 ==========
```

图 2-1　程序的编译结果

如果出现了多个"error(s)",一定要从第一个错误信息提示行开始查错。**注意:每排除一个错误,就要重新编译一次**,因为后面的错误可能是由于前面的错误产生的。另外,

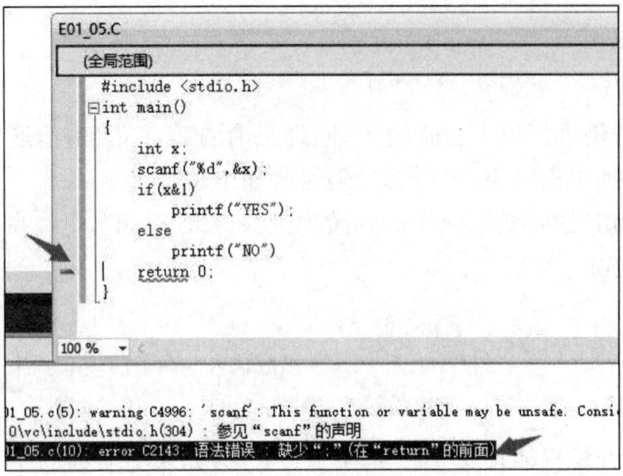

图 2-2　程序的错误行定位

虽然 warning 警告不影响程序的编译和连接,但很可能导致运行错误或者逻辑错误,所以在平时编程时,要养成以"**0 个 error,0 个 warning**"要求自己的习惯。

(2) **逻辑错误**:指程序可以运行并得出运行结果,但并不是用户预期的结果。例如,要求计算 a 和 b 的和,可是却写成了 $a-b$。语法上没有错,但求出的却是 a 和 b 的差。这类错误无法用编程工具直接确定出错位置,因此,这类错误较难查找,可以采用 4.3 节介绍的方法解决。

(3) **运行错误**:指在程序运行期间发生的错误。如除 0 错误、访问数组地址越界等,通常这种情况会弹出错误信息框,该错误需要采用 4.3 节介绍的方法解决。

2.3　实 践 训 练

实训 4　顺序结构编程

一、实训目的

(1) 掌握简单 C 程序的设计;
(2) 掌握基本输入输出的使用。

二、实训准备

(1) 复习基本输入输出函数的用法;
(2) 复习格式输入输出函数常用格式符和修饰符的作用;
(3) 复习常用的计算函数;
(4) 复习简单的顺序结构基本算法;
(5) 复习位运算的功能和应用;

（6）阅读编程技能中相关技能；

（7）认真阅读以下实训内容，完成预习要求中的各项任务。

三、实训内容

以下各题的所有项目和文件都要求建立在解决方案 C_study 中。

1. 程序填空：在以下程序的大括号（{}）之间填入适当的语句，并运行，使其能够显示图 2-3 所示的图形。

部分代码如下：

```
#include <stdio.h>
int main()
{


    return 0;
}
```

图 2-3　题 1 程序的输出结果

预习要求：画出流程图，将程序补充完整。

上机要求：建立项目 P02_01 和文件 P02_01.c，调试运行程序，记录实际运行结果。

提示：可以使用 printf() 语句按行顺序直接输出。

2. 程序填空：以下程序的功能是从键盘输入一个实数 F（华氏温度），要求将华氏温度转换为 C（摄氏温度）并输出，摄氏温度保留两位小数。华氏温度与摄氏温度的关系式如下：

$$C = \frac{5}{9}(F - 32)$$

例如，输入：17.2

　　　　输出：The temprature is -8.22

部分代码如下：

```
#include <stdio.h>
int main()
{
        (1)      ;
    scanf("%lf", &F);
        (2)      ;
    printf("The temprature is      (3)     \n", C);
    return 0;
}
```

预习要求：厘清程序思路，将程序补充完整；给出两组不同的测试数据，填充表 2-8 中的测试输入及预测结果。

上机要求：建立项目 P02_02 和文件 P02_02.c，调试运行程序，在表 2-8 中记录实际运行结果并分析结果。

提示：变量要先定义后使用。

表 2-8　题 2 测试用表

序号	测试输入	预测结果	实际运行结果
1			
2			

3. 编写程序：按照如图 2-4 所示的流程图，完成 $1+2+3+4+5$ 的累加和 a，并输出 a。

预习要求：画出算法流程图并编写程序；填充表 2-9 中的预测结果。

上机要求：建立项目 P02_03 和文件 P02_03.c，调试运行程序，在表 2-9 中记录实际运行结果并输出结果。

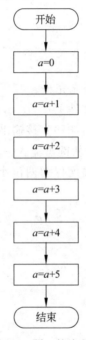

图 2-4　题 3 的流程图

表 2-9　题 3 测试用表

序号	预 测 结 果	实际运行结果
1		

4. 程序填空：以下程序的功能是输入一个 4 位数，将其加密后输出。加密方法是将该数每一位上的数字加 9，然后除以 10 取余，作为该位上的新数字，最后将第 1 位和第 3 位上的数字互换，将第 2 位和第 4 位上的数字互换，组成加密后的新数。

例如，输入：1257

输出：The encrypted number is 4601

部分代码如下：

```
#include <stdio.h>
int main()
{
    /* n 用来存放输入的 4 位数,n1 存放 4 位数的第 1 位数字 */
    /* n2 存放 4 位数的第 2 位数字,n3 存放 4 位数的第 3 位数字 */
    /* n4 存放 4 位数的第 4 位数字 */
    int n, n1, n2, n3, n4;
    scanf("%d", &n);
        (1)      ;          /* 获取第 1 位数 */
        (2)      ;          /* 获取第 2 位数 */
        (3)      ;          /* 获取第 3 位数 */
        (4)      ;          /* 获取第 4 位数 */
        (5)      ;          /* 第 1 位数加 9 对 10 取余 */
        (6)      ;          /* 第 2 位数加 9 对 10 取余 */
        (7)      ;          /* 第 3 位数加 9 对 10 取余 */
        (8)      ;          /* 第 4 位数加 9 对 10 取余 */
    /* 第 1 位和第 3 位上的数字互换,第 2 位和第 4 位上的数字互换 */
        (9)      ;
    printf("The encrypted number is %d\n", n);
    return 0;
}
```

预习要求:厘清程序思路,将程序补充完整;给出两组不同的测试数据,填充表 2-10 中的测试输入及预测结果。

上机要求:建立项目 P02_04 和文件 P02_04.c,调试运行程序并在表 2-10 中记录实际运行结果。

提示:得到一个整数 n 的个位数字用求余运算符 $n\%10$;获取十位数字,首先通过 $n/10$ 去掉 n 的个位数字,即十位上的数字变为个位上的数字,再对 10 求余。

表 2-10　题 4 测试用表

序号	测试输入	预测结果	实际运行结果
1			
2			

5. 编写程序:应用位运算对数据进行加密和解密。

如果将一个整数看作密钥,利用这个密钥,对原文进行加密,得到的结果称为密文;同样对一个用该密钥加密的密文,用同一个密钥对该密文进行解密,得到的结果称为原文。

例如:

```
int src=54;
int pwd=32;(密钥)
int dst=0;
```

dst=src^pwd;(加密,dst 结果为 22)

src=dst^pwd;(解密,src 结果还原为 54)

预习要求:画出流程图并编写出程序,给出两组不同的测试数据,填充表 2-11 中的测试输入及预测结果。

上机要求:建立项目 P02_05 和文件 P02_05.c,调试运行程序,记录实际运行结果并分析结果。

提示:利用位运算的计算速度快,以及异或的特性(和同一个数字异或两次还是自身),可以用来简单加密数据。

表 2-11 题 5 测试用表

序号	测 试 输 入	预 测 结 果	实际运行结果
1			
2			

6. 编写程序:求出 int 所能够表示的数据范围中的最小值。

预习要求:画出流程图并编写出程序,填充表 2-12 中的预测结果。

上机要求:建立项目 P02_06 和文件 P02_06.c,调试运行程序,在表 2-12 中记录实际运行结果并分析结果。

提示:int 类型最小值为 1000 0000 0000 0000 0000 0000 0000 0000,而 1 对应的二进制数为 0000 0000 0000 0000 0000 0000 0000 0001,利用位移运算符,将最低位的 1 移到最高位即可。

表 2-12 题 6 测试用表

序号	预 测 结 果	实际运行结果
1		

四、常见问题

顺序结构常见问题如表 2-13 所示。

表 2-13 顺序结构常见问题

常见错误实例	常见错误描述	错误类型
double a; scanf("%f", &a);	double 型变量用%lf	逻辑错误
double a; scanf("%lf", a);	变量 a 前面未加 & 运算符	运行错误

常见错误实例	常见错误描述	错误类型
```int main() { printf("%f",sqrt(rand())); return 0; }```	使用库函数时未加上相应的头文件	语法错误
```int a; scanf("please input%d",&a);``` 输入时: 5↙	scanf 格式控制串含有输入提示符,但输入时并没有输入该提示符	逻辑错误
```int a; char c1; scanf("%d%c",&a,&c1);``` 输入时: 5 a↙	数值格式在前面,字符格式在后面,输入数值型数据之后,可能敲入的空格、回车和 Tab 键等字符刚好被字符格式接受	逻辑错误

练 习 2

完成以下课后练习时,各题的所有项目和文件都建立在解决方案 C_study 中。

1. 编写程序(项目名 E02_01,文件名 E02_01.c):输入两个整型变量 a、b 值,输出 $a+b$,$a-b$,$a*b$,a/b,(float)a/b,$a\%b$ 的结果,要求连同算式一起输出,每个算式占一行。

例如:a 等于 10,b 等于 5,$a+b$ 的结果输出为 10+5=15。

2. 编写程序(项目名 E02_02,文件名 E02_02.c):输入两个整数 1500 和 350,求出它们的商和余数并输出。

3. 编写程序(项目名 E02_03,文件名 E02_03.c):由键盘输入两个整数进行相加运算的算式,输出正确的结果。

例如:键盘输入 10+20↙   输出 30

　　　键盘输入 -15+60↙   输出 45

4. 编写程序(项目名 E02_04,文件名 E02_04.c):输入整数 a 和 b,要求不借助中间变量实现对 a 和 b 的交换并输出。从程序的可读性角度,评价该算法与教材《C 语言程序设计(第 3 版)》(ISBN:978-7-302-50-771-0,下文简称主教材)中【例 2-15】的算法,哪个可读性更好?

5. 编写程序(项目名 E02_05,文件名 E02_05.c):求 $ax^2+bx+c=0$ 方程的实根。a,b,c 由键盘输入,且输入的值满足 a 不等于 0,b^2-4ac 大于或等于 0。

6. 编写程序(项目名 E02_06,文件名 E02_06.c):求出 int 所能够表示的数据范围中的最大值。

第3章

选择结构程序设计

3.1　知识点梳理

1. 关系运算和逻辑运算

选择结构是指根据一定的条件来选择执行相应操作的程序结构,其中表示选择条件一般可用关系表达式或逻辑表达式。

(1)关系运算符和关系表达式。

关系运算符共有 6 种,如表 3-1 所示。**注意＝＝与＝的区别。**

表 3-1　关系运算符

运　算　符	作　用	运　算　符	作　用
>	大于	<=	小于或等于
>=	大于或等于	==	等于
<	小于	!=	不等于

关系表达式的值只有 1 或 0。当一个关系表达式是"正确的",其值为 1,否则为 0。

(2)逻辑运算符和逻辑表达式。

逻辑运算符共有 3 种,即 &&,||,!。表 3-2 为逻辑运算的真值表,其中对操作数 a 和 b,非 0 视为真,0 视为假。

表 3-2　逻辑运算真值表

操　作　数		运　算　结　果		
a	b	a&&b	a||b	!a
真	真	真	真	假
真	假	假	真	假
假	真	假	真	真
假	假	假	假	真

逻辑表达式的值也只有 1 和 0 两种。当一个逻辑表达式是"正确的",其值等于 1,否则为 0。

2. if 语句

（1）if 形式：

if(表达式) 语句

功能：计算表达式的值,当表达式的值为真(即为非 0)时执行表达式后的语句。

注意：如果表达式后面语句包含两条以上的语句,则要用一对大括号{}括起来。

（2）if-else 形式：

if(表达式)　语句 1
else　语句 2

功能：计算表达式的值,若表达式的值为真(即值为非 0),执行语句 1;否则,执行语句 2。

注意：如果语句 1 或语句 2 包含两条以上的语句,则要用一对大括号{}括起来。

（3）else-if 形式：

if(表达式 1)　语句 1
else　if(表达式 2)　语句 2
else　if(表达式 3)　语句 3
⋮
else　if(表达式 n)　语句 n
else　语句 n+1

功能：计算表达式 1 的值,若表达式 1 的值为真,执行语句 1;否则计算表达式 2 的值,若值为真,执行语句 2;否则计算表达式 3 的值,若值为真,执行语句 3;以此类推,若表达式 n 的值为真,执行语句 n;否则执行语句 $n+1$。

注意：语句 1、语句 2、…、语句 $n+1$ 如果包含两条以上的语句,则要用一对大括号{}括起来。

3. if 语句的嵌套

if 语句的嵌套是指在一个 if 语句中包含有一个或多个 if 语句的形式。以上介绍的 3 种 if 语句形式,可以嵌套自身,也可以相互嵌套。

注意：若嵌套内部的 if 语句也是 if-else 型时,要特别注意 if 和 else 的配对问题。为了避免出现二义性,C 语言规定 **else 总是和它前面最近的、未曾配对的 if 配对**。

4. 条件表达式

一般形式：

表达式 1?表达式 2:表达式 3

功能：计算表达式 1 的值，当表达式 1 的值为真时，取表达式 2 的值作为条件表达式的值；否则，取表达式 3 的值作为条件表达式的值。

注意：条件运算符的优先级为 13 级，仅高于赋值运算符和逗号运算符，结合方向为自右向左。

5. switch 语句

一般形式：

```
switch(表达式)
{
    case  常量表达式 1:语句 1;
    case  常量表达式 2:语句 2;
    ⋮
    case  常量表达式 n:语句 n;
    default:        语句 n+1;
}
```

功能：先计算表达式的值，然后依次与后面每个 case 的常量表达式值进行比较，当与某个 case 的常量表达式值相等时，就执行该 case 后面的语句，然后顺次继续执行后面的语句，直到遇到 break 语句或 switch 的右大括号}为止。如果表达式的值与所有 case 的常量表达式值均不相等，则执行 default 后面的语句。

注意：

(1) case 后的常量表达式，可以是一个整型常量表达式或字符常量表达式。但每个常量表达式的值必须互不相同；

(2) case 后若有多个语句，可以不用{}括起来。程序会自动按顺序执行该 case 后面的所有语句；

(3) 若 case 后面无语句，则表示与后续 case 执行相同的语句；

(4) 若 case 后有 break 语句，可从 break 语句跳出 switch；

(5) 在 switch 中，case 子句和 default 子句出现的先后顺序可以任意，从执行效率的角度考虑，一般把执行频率高的子句放在前面。

3.2 案例应用与拓展——菜单的设计

对学生成绩进行管理是学校教务管理工作中非常重要的环节，也是和每个学生学习密切相关的问题。为了深入了解和学习 C 语言的应用，从本章开始，将以学生成绩管理系统为案例，由浅入深逐步拓展并介绍应用 C 语言设计和实现学生成绩管理程序的各项功能。

从程序结构上分析，选择结构特别适合设计各种菜单，可以类似点菜的方式将程序功能列出来供用户选择。因此，可以应用 if 语句和 switch 语句设计并实现如下所示学生成绩管理系统中的菜单功能。

```
                    欢迎使用学生成绩管理系统
                ************************************
                *             主菜单               *
                ************************************
                  1  成绩输入          2  成绩删除
                  3  成绩查询          4  成绩排序
                  5  显示成绩          6  退出系统
                       请选择[1/2/3/4/5/6]:
```

程序运行时,首先输出以上菜单,然后用户输入一个值以选择相应的菜单项。

1. 用 if 语句实现学生成绩管理程序菜单

认真阅读以下程序,然后在解决方案 C_study 中,建立项目 W03_01 和文件 W03_01.c,调试运行程序并观察运行结果。

```
#include <stdio.h>
#include <stdlib.h>
int main()
{
    int j;
    system("cls");                  /* 清屏 */
    printf("\n\n\n\t\t\t     欢迎使用学生成绩管理系统\n\n\n");
    printf("\t\t\t ************************************\n");
    printf("\t\t\t *              主菜单              *\n");
    printf("\t\t\t ************************************\n\n\n");
    printf("\t\t          1  成绩输入         2  成绩删除\n\n");
    printf("\t\t          3  成绩查询         4  成绩排序\n\n");
    printf("\t\t          5  显示成绩         6  退出系统\n\n");
    printf("\t\t          请选择[1/2/3/4/5/6]: ");
    scanf("%d",&j);                 /* 输入要选择的功能选项 */
    if(j==1) printf("成绩输入\n");
    else if(j==2) printf("成绩删除\n");
    else if(j==3) printf("成绩查询\n");
    else if(j==4) printf("成绩排序\n");
    else if(j==5) printf("显示成绩\n");
    else if(j==6) exit(0);          /* 结束程序 */
    return 0;
}
```

说明:以上程序应用 system("cls")函数完成清屏功能;应用 exit(0)函数结束程序。

2. 用 switch 语句实现学生成绩管理程序菜单

认真阅读以下程序,然后在解决方案 C_study 中,建立项目 W03_02 和文件 W03_02.c,调试运行程序并观察运行结果。

```
#include <stdio.h>
#include <stdlib.h>
int main()
{
    int j;
    system("cls");                      /* 清屏 */
    printf("\n\n\n\t\t\t    欢迎使用学生成绩管理系统\n\n\n");
    printf("\t\t\t ********************************\n");
    printf("\t\t\t *              主菜单             * \n");        /* 主菜单 */
    printf("\t\t\t ********************************\n\n\n");
    printf("\t\t      1  成绩输入      2  成绩删除\n\n");
    printf("\t\t      3  成绩查询      4  成绩排序\n\n");
    printf("\t\t      5  显示成绩      6  退出系统\n\n");
    printf("\t\t      请选择[1/2/3/4/5/6]: ");
    scanf("%d",&j);                     /* 输入要选择的功能选项 */
    switch(j)
    {
        case  1: printf("成绩输入\n"); break;
        case  2: printf("成绩删除\n"); break;
        case  3: printf("成绩查询\n"); break;
        case  4: printf("成绩排序\n");break;
        case  5: printf("显示成绩\n"); break;
        case  6: exit(0);              /* 结束程序 */
    }
    return 0;
}
```

3. 拓展练习

(1) 编写程序：参照 1，用 if 语句实现以下菜单功能。

在解决方案 C_study 中，建立项目 W03_03 和文件 W03_03.c，调试运行程序并观察运行结果。

```
****************************************
*          1---通讯录信息输入    *
*          2---通讯录信息删除    *
*          3---通讯录信息查询    *
*          4---通讯录信息排序    *
*          0---退出              *
****************************************
        请输入你的选择(0---4):
```

(2) 编写程序：参照 2，用 switch 语句实现以上题(1)所示的菜单功能。

在解决方案 C_study 中，建立项目 W03_04 和文件 W03_04.c，调试运行程序并观察运行结果。

3.3 编程技能

3.3.1 算法的设计

程序设计是一门艺术,主要体现在算法设计和结构设计上。如果说结构设计是程序的"身体",那么算法设计就是程序的"灵魂"。所谓**算法**,是指为解决某一具体问题而采取的、确定的、有限的操作步骤。

在设计算法前必须准确理解问题的内涵,即准确分析需要解决什么问题。例如,求 1~10 之间所有整数的和。依据数学常识,这个问题是非常清晰的。又如,求一元二次方程的根。这个问题需要明确究竟是只求实根还是实根和虚根都要求出? 在明确了所求问题以后,可以先构思人工解决这类问题的描述,这个描述是算法的雏形。

通常,在构思算法的时候需要考虑这样一些问题:先做什么,然后做什么(顺序关系)? 在某些情况下怎么做,另外一些情况下又怎么做(分支)? 对一组相关的数据进行类似的处理或者重复某种步骤直到某种情况(循环)。

流程图是描述程序的控制流程和指令执行情况的有向图,它是算法的一种比较直观的表示工具。使用流程图表示算法对于初学者来说特别重要,因为可以集中精力在算法上而不必一开始就纠缠在各种语法细节中。

常见的流程图符号如图 3-1 所示。下面通过几个实例了解如何设计表示算法的流程图。

【例 3-1】 求 3 个数中的最大值。

一般方法是先找出两个数中的大数,再把找出的大数和第 3 个数比较。其算法可用如图 3-2 或图 3-3 所示的流程图表示。

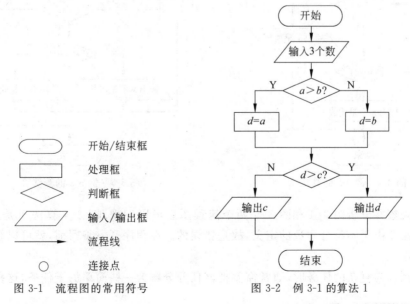

图 3-1 流程图的常用符号

图 3-2 例 3-1 的算法 1

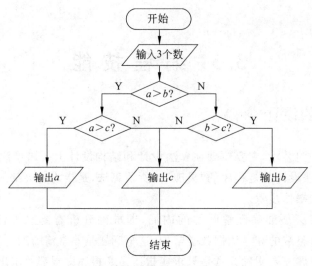

图 3-3　例 3-1 的算法 2

【例 3-2】　验算一个正整数 x 是否是质数。

质数也称素数,根据质数的定义,验算正整数 x 是否是质数,可验算从 2 开始直到 $x-1$ 的每个数,若都不能被 x 整除,则 x 是质数,否则不是质数。图 3-4 和图 3-5 均表示了本题的算法流程图。

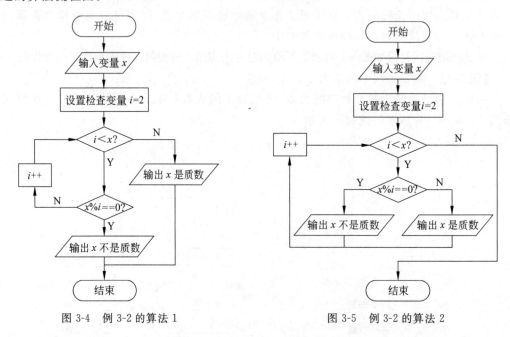

图 3-4　例 3-2 的算法 1　　　　　　　　图 3-5　例 3-2 的算法 2

仔细观察并分析图 3-4 和图 3-5 两个流程图后可以发现,图 3-4 算法 1 是正确的,图 3-5 算法 2 由于不符合质数的定义,故是错误的。在程序开始编写前,就可以解决诸如这样的错误。

当遇到较为复杂的任务时,通常需要把该任务分解为一些简单的子任务,这种方法叫作**分治法**。

【**例 3-3**】 验证哥德巴赫猜想,即任一个大于 6 的偶数 x 可以分解为两个奇质数之和。

本题基本算法描述如下:从 3 开始一直找到 $x/2$,如果存在一个质数 y 使得 $x-y$ 也为质数,则该猜想对于偶数 x 成立,否则即可认为找到一个反例,该猜想不成立。算法流程图如图 3-6 所示。

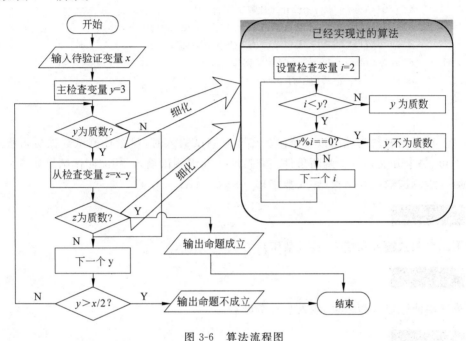

图 3-6　算法流程图

3.3.2　程序测试

当程序编写好后,为了验证程序是否正确,需要对程序进行测试。程序测试是确保程序质量的有效手段。程序测试的主要方法是先给定特定的输入,然后运行被测试程序,最后检查程序运行结果是否与预期结果一致。

由于进行程序测试需要运行程序,而运行程序需要数据,为测试设计的数据称为**测试输入**。测试方法主要有白盒测试和黑盒测试。

如果测试人员对被测试的程序内部结构很熟悉,那么可把程序看成装在一个透明的白盒子里,按照程序内部的逻辑来设计测试输入,检查程序中每条通路是否都能按照预定要求工作,这种测试方法称为**白盒测试**,也称为**结构测试**。

【**例 3-4**】 输入任意一个字符,判断该字符是数字字符、大写字母、小写字母、空格还是其他字符。

请通过白盒测试法分析以下程序错在哪里?在解决方案 C_study 中,建立项目 D03_01 和文件 D03_01.c,调试运行程序并观察运行结果。

```
1    #include <stdio.h>
2    int main()
3    {   char c;
4        printf("请输入:");
5        c=getchar();
6        if('0'<=c<='9') printf("数字字符\n");
7        else if('A'<=c<='Z') printf("大写字母\n");
8        else if('a'<=c<='z') printf("小写字母\n");
9        else if(c==' ') printf("空格\n");
10       else printf("其他字符\n");
11       return 0;
12   }
```

以上程序用白盒测试法进行测试。在选取测试输入时,尽量让测试数据覆盖程序中每条语句、每个分支和每个判断条件。共选取了5组测试输入,相应测试结果如下:

第一组测试输入和结果(输入数字):

第二组测试输入和结果(输入数字):

第三组测试输入和结果(输入小写字母):

第四组测试输入和结果(输入空格):

第五组测试输入和结果(输入其他字符):

上述5组测试输入覆盖了程序的所有分支,除了第一组测试结果正确外,其余4组运行结果显然是错误的。分析错误的原因可以发现,因为表示条件的表达式书写不符合C语言规范。例如,第6行语句中表示 c 介于'0'和'9'之间,不能写成'0'<=c<='9'形式,因为按照C语言运算符结合性,运算符<=是自左向右结合的,如果变量 c 的值为'S',表达式先计算'0'<=c,结果为1,然后再计算 1<='9',结果为1,这样整个表达式结果为1,表示条件为真,所以执行了语句 printf("数字字符\n"),导致运行结果不正确。

通过以上测试分析,需要对程序第6~8行语句做如下修改:

```
1    #include <stdio.h>
2    int main()
```

```
3     {    char c;
4          printf("请输入:");
5          c=getchar();
6          if('0'<=c&&c<='9') printf("数字字符\n");
7          else if('A'<=c&&c<='Z') printf("大写字母\n");
8          else if('a'<=c&&c<='z') printf("小写字母\n");
9          else if(c==' ') printf("空格\n");
10         else printf("其他字符\n");
11         return 0;
12    }
```

再用前面选取的 5 组测试输入进行测试,可得到正确的测试结果。

如果把系统看成一个黑盒子,不考虑程序内部的逻辑结构和处理过程,是在程序接口进行的测试,它只根据任务要求设计测试输入,检查程序的功能是否符合任务功能要求,这种测试方法称为**黑盒测试**,也称为**功能测试**。

【**例 3-5**】 求一元二次方程 $ax^2+bx+c=0$ 的根。

请通过黑盒测试法分析下面的程序错在哪里?在解决方案 C_study 中,建立项目 D03_02 和文件 D03_02.c,调试运行程序并观察运行结果。

```
1     #include <stdio.h>
2     #include <math.h>
3     int  main()
4     {    float  a,b,c,p,q,d,x1,x2;
5          scanf("%f%f%f",&a,&b,&c);
6          d=b*b-4*a*c;
7          p=-b/(2*a);
8          q=sqrt(d)/(2*a);
9          if(d>=0)
10             if(d>0)
11             {   x1=p+q;   x2=p-q;
12                 printf("The equation has two real roots:%.2f and %.2f\n", x1,x2);
13             }
14             else
15             {   x1=x2=p;
16                 printf("The equation has two equal roots:%.2f\n", x1);
18             }
19         else
20         {   printf("The equation has complex roots:");
21             printf("%.2f+%.2fi and %.2f-%.2fi\n",p,q,p,q);
22         }
23         return 0;
24    }
```

以上程序用黑盒测试法进行测试。根据程序的功能,分别对 Δ>0,Δ=0 和 Δ<0 这

3 种情况设计了 3 组测试输入,测试结果如下。

第一组测试输入和结果:

```
1 3 1
The equation has two real roots:-0.38 and -2.62
```

第二组测试输入和结果:

```
1 2 1
The equation has two equal roots:-1.00
```

第三组测试输入和结果:

```
2 2 1
The equation has complex roots:-0.50+-1.#Ji and -0.50--1.#Ji
```

显然,第一、二两组测试结果是正确的,第三组的测试结果是错误的。分析发现,第 8 行语句中,当 d 小于 0 时,导致对 d 开平方根时出错,应该先对 d 求绝对值后再开平方根。因此,将程序第 8 行语句修改如下:

```
1    #include <stdio.h>
2    #include <math.h>
3    int  main()
4    {   float  a,b,c,p,q,d,x1,x2;
5        scanf("%f%f%f",&a,&b,&c);
6        d=b*b-4*a*c;
7        p=-b/(2*a);
8        q=sqrt(fabs(d))/(2*a);
9        if(d>=0)
10           if(d>0)
11           {   x1=p+q;   x2=p-q;
12               printf("The equation has two real roots:%.2f and %.2f\n", x1,x2);
13           }
14           else
15           {   x1=x2=p;
16               printf("The equation has two equal roots:%.2f\n", x1);
17           }
18       else
19       {   printf("The equation has complex roots:");
20           printf("%.2f+%.2fi and %.2f-%.2fi\n",p,q,p,q);
21       }
22       return 0;
23   }
```

这时,用前面第三组的测试数据再次测试,可得到以下符合要求的结果:

```
2 2 1
The equation has complex roots:-0.50+0.50i and -0.50-0.50i
```

3.4 实践训练

实训 5 if 语句的应用

一、实训目的

（1）熟悉关系表达式和逻辑表达式；
（2）掌握 if 语句的格式和用法；
（3）掌握 if 语句的嵌套方法；
（4）学会应用 if 语句编程。

二、实训准备

（1）复习关系运算和逻辑运算的功能和要求；
（2）复习 if 语句的 3 种语法格式及功能；
（3）复习 if 语句嵌套方法及有关规定；
（4）阅读编程技能中相关技能；
（5）认真阅读以下实训内容,完成预习要求中的各项任务。

三、实训内容

以下各题的所有项目和文件都要求建立在解决方案 C_study 中。
1. 程序填空：输入任意 4 个整数,然后按从小到大顺序输出。
部分代码如下：

```
#include <stdio.h>
int main()
{   int a,b,c,d,t;
    scanf("%d%d%d%d",&a,&b,&c,&d);
    if(a>b)
    {   t=a;a=b;b=t;   }
    if(    (1)    )
    {   t=a;a=c;c=t;   }
    if(a>d)
    {   t=a;a=d;d=t;   }
    if(b>c)
    {   t=b;  (2)  ;c=t;   }
    if(b>d)
    {   t=b;b=d;d=t;   }
    if(   (3)   )
    {   t=c;c=d;d=t;   }
```

```
        printf("%d\t%d\t%d\t%d\n",a,b,c,d);
        return 0;
    }
```

预习要求：厘清程序思路，将程序补充完整；设计并填充表 3-3 中的测试输入及预测结果。

上机要求：建立项目 P03_01 和文件 P03_01.c，调试运行程序，在表 3-3 中记录实际运行结果并分析结果。

表 3-3 题 1 测试用表

序号	测 试 输 入	测 试 说 明	预 测 结 果	实际运行结果
1		$a > b > c > d$		
2		$a < b < c < d$		
3		其他情况		

2. 程序填空：根据输入的成绩，输出相应的等级：90～100 分为优秀，80～89 分为良好，60～79 分为及格，0～59 分为不及格。

部分代码如下：

```
#include <stdio.h>
int main()
{   float score;
        ____(1)____ ;
    if(score<60) printf("0~59:不及格\n");
    else if(__(2)__) printf("60~79:及格\n");
    else if(score<90) printf("80~89:良好\n");
    else if(__(3)__) printf("90~100:优秀\n");
    return 0;
}
```

预习要求：厘清程序思路，将程序补充完整；设计并填充表 3-4 中的测试输入及预测结果。

上机要求：建立项目 P03_02 和文件 P03_02.c，调试运行程序，在表 3-4 中记录实际运行结果并分析结果。

表 3-4 题 2 测试用表

序号	测 试 输 入	测 试 说 明	预 测 结 果	实际运行结果
1		不及格		
2		及格		
3		良好		
4		优秀		

3. 编写程序：计算以下函数中的 y 值：

$$y = \begin{cases} x & (x < 1) \\ 2x - 1 & (1 \leqslant x < 10) \\ 3x - 11 & (x \geqslant 10) \end{cases}$$

预习要求：画出算法流程图并编写程序；设计并填充表 3-5 中的测试输入及预测结果。

上机要求：建立项目 P03_03 和文件 P03_03.c，调试运行程序，在表 3-5 中记录实际运行结果并分析结果。

提示：① 输入变量 x 的值；

② 用 else-if 形式判断 x 值在哪个区间，然后计算相应的 y 值；

③ 输出计算结果。

表 3-5　题 3 测试用表

序号	测 试 输 入	测 试 说 明	预 测 结 果	实际运行结果
1		$x < 1$		
2		$1 <= x < 10$		
3		$x >= 10$		

4. 编写程序：输入任意两个实数，计算大数除以小数的商。例如，若输入 2.0 和 5.0，则商为 5.0/2.0=2.5。

预习要求：画出算法流程图并编写程序；设计并填充表 3-6 中的测试输入及预测结果。

上机要求：建立项目 P03_04 和文件 P03_04.c，调试运行程序，在表 3-6 中记录实际运行结果并分析结果。

提示：本题可采用 if 嵌套结构实现。解题思路如下：

① 输入两个变量 x 和 y 的值；

② 比较 x 和 y 的大小；

③ 若 $x > y$，则计算 $y \neq 0$ 时 x/y 的值；

④ 若 $x < y$，则计算 $x \neq 0$ 时 y/x 的值。

表 3-6　题 4 测试用表

序号	测 试 输 入	测 试 说 明	预 测 结 果	实际运行结果
1		$x > y$ 且 $y \neq 0$		
2		$x < y$ 且 $x \neq 0$		
3		$x \neq 0$ 或 $y \neq 0$		

5. 编写程序：孩子身高预测。

每个父母都会关心自己孩子成人后的身高。有关生理卫生知识和数理统计分析表明，影响小孩成人后身高的因素有遗传、饮食习惯和体育锻炼等。其中，小孩成人后的身高与其父母的身高和自身的性别密切相关。若假设小孩父亲身高为 $h1$，母亲身高为 $h2$，身高预测公式为(单位为 cm)：
$$男性成人时身高 = (h1 + h2) * 0.54$$
$$女性成人时身高 = (h1 * 0.923 + h2)/2$$

此外,如果喜爱体育锻炼,那么身高可增加 2%;如果有良好的卫生饮食习惯,身高可增加 1.5%。

要求根据小孩的性别、父母的身高、是否喜爱体育锻炼和是否有良好的饮食习惯等条件预测小孩成人后的身高。

预习要求:画出算法流程图并编写程序;设计并填充表 3-7 中的测试输入及预测结果。

上机要求:建立项目 P03_05 和文件 P03_05.c,调试运行程序,在表 3-7 中记录实际运行结果并分析结果。

提示:① 输入小孩的性别和父母的身高;

② 根据性别按预测公式计算出小孩的预测身高;

③ 询问是否喜爱体育锻炼,若爱好则身高增加 2%;

④ 询问是否有良好饮食习惯,若有则身高再增加 1.5%。

表 3-7　题 5 测试用表

序号	测 试 输 入	测 试 说 明	预 测 结 果	实际运行结果
1		喜爱体育锻炼		
2		有良好饮食习惯		
3		满足以上两种情况		
4		其他情况		

四、常见问题

if 语句常见问题如表 3-8 所示。

表 3-8　if 语句常见问题

常见错误实例	常见错误描述	错误类型
if(x>y); 　max=x;	if 语句条件后面多写了一个分号	逻辑错误
if(x>y) max=x	if 条件后的赋值语句少了分号	语法错误
if(x>y); max=x; else max=y;	if 语句条件后面多写了一个分号	语法错误

if(x>y)
　max=x;
　printf("max=%d",x);
else
　max=y;
　printf("max=%d',y);
	在 if 条件和 else 之间有两条以上子句,必须要加大括号括起,构成复合语句,否则系统会报错。同样,如果 else 后的子句包含两条以上,也应该用大括号括起,构成复合语句	语法错误

常见错误实例	常见错误描述	错误类型
if(x＝y) printf("x＝＝y\n");	将关系运算符＝＝误用为赋值号＝	逻辑错误
if(0＜＝x＜＝10) y＝x＊3＋2;	逻辑表达式书写不符合C语言规范,正确的书写形式为 0＜＝x&&x＜＝10	逻辑错误
if(x＞10) y＝3x-11;	算法表达式书写不符合C语言规范,正确的书写形式为 y＝3＊x－11	语法错误

实训 6　多路选择及 switch 语句的应用

一、实训目的

(1) 进一步巩固 if 语句应用;

(2) 掌握 switch 语句的格式和功能;

(3) 掌握较复杂的选择结构编程。

二、实训准备

(1) 复习 if 语句形式和功能;

(2) 复习 switch 语句形式和功能;

(3) 复习嵌套结构的有关规定;

(4) 阅读编程技能中相关技能;

(5) 认真阅读以下实训内容,完成预习要求中的各项任务。

三、实训内容

以下各题的所有项目和文件都要求建立在解决方案 C_study 中。

1. 程序填空:根据某校有关规定,学生的课程考试成绩在 60 分及以上为通过;若在 40～59 分之间,可以补考;若低于 40 分则需重修该课程。现输入某学生的成绩,判断他是已通过、应补考,还是需重修该门课程。

用 if 语句编写的部分代码如下:

```
#include <stdio.h>
int main()
{   float x;
    scanf("%f",&x);
    if(x>=0&&x<=100)
        if(   (1)   )
            if(   (2)   )
                printf("已通过\n");
            else
```

```
                printf("应补考\n");
        (3)
            printf("需重修\n");
    return 0;
}
```

预习要求：厘清程序思路，并将程序补充完整；设计并填充表 3-9 中的测试输入及预测结果。

上机要求：建立项目 P03_06 和文件 P03_06.c，调试运行程序，在表 3-9 中记录实际运行结果并分析结果。

表 3-9　题 1、题 2 测试用表

序号	测 试 输 入	测 试 说 明	预 测 结 果	实际运行结果
1		100>成绩≥60		
2		60>成绩≥40		
3		40>成绩≥0		
4		其他		

2. 程序填空：题目同题 1，要求用 switch 语句实现。

用 switch 语句编写的部分代码如下：

```
#include <stdio.h>
int main()
{   float x;
    int a;
    scanf("%f",&x);
    if(x>=0&&x<=100)
    {   if(  (1)  )a=6;
        else a=x/10;
        switch(a)
        {   case 6: printf("已通过\n");break;
            case   (2)  :
            case   (3)  :printf("应补考\n");break;
            default:printf("需重修\n");
        }
    }
    return 0;
}
```

预习要求：厘清程序思路，将程序补充完整。

上机要求：建立项目 P03_07 和文件 P03_07.c，调试运行程序，在表 3-9 中记录实际运行结果并分析结果。

3. 编写程序：输入一个不多于 5 位的正整数，完成以下功能：

(1) 判断它是几位数(用 if 语句实现);

(2) 分别打印每一位数字;

(3) 按逆序输出各位数字。

例如,若输入 n＝2345,输出结果为:

四位数:2 3 4 5　　　5 4 3 2

预习要求:画出算法流程图并编写程序;设计 5 组测试数据,填充如表 3-10 所示测试输入及预测结果。

上机要求:建立项目 P03_08 和文件 P03_08.c,调试运行程序,在表 3-10 中记录实际运行结果并分析结果。

提示:① 输入一个不多于 5 位的正整数;

　　　② 求出该数的各位数字(万位、千位、百位等);

　　　③ 判断该数为几位数,并按要求输出结果。

表 3-10　题 3、题 4 测试用表

序号	测 试 输 入	测 试 说 明	预 测 结 果	实际运行结果
1		一位数		
2		两位数		
3		三位数		
4		四位数		
5		五位数		

4. 编写程序:题目同 3,要求判断它是几位数时用 switch 语句实现。

预习要求:画出算法流程图并编写程序。

上机要求:建立项目 P03_09 和文件 P03_09.c,调试运行程序,在表 3-10 中记录实际运行结果并分析结果。

5. 编写程序:输入三条边,判断是否构成三角形。若能构成三角形,再进一步判断该三角形是等腰三角形、直角三角形,还是一般三角形。

预习要求:画出算法流程图并编写程序;设计并填充表 3-11 中的测试输入及预测结果。

上机要求:建立项目 P03_10 和文件 P03_10.c,调试运行程序,在表 3-11 中记录实际运行结果并分析结果。

提示:

① 输入 3 个变量 a、b、c 的值(表示三条边);

② 比较大小找到最大数,如 a 最大;

③ 判断 $b+c>a$(是否构成三角形);

④ 判断 $b=c$ 或 $a=b$ 或 $a=c$(是否为等腰三角形);

⑤ 判断 $b^2+c^2=a^2$(是否为直角三角形)。

表 3-11   题 5 测试用表

序号	测 试 输 入	测 试 说 明	预 测 结 果	实际运行结果
1		等腰三角形		
2		直角三角形		
3		一般三角形		

四、常见问题

switch 语句常见问题如表 3-12 所示。

表 3-12   switch 语句常见问题

常见错误实例	常见错误描述	错误类型

switch(x)
{ case 1：y＝2＋x;
  case 2：y＝3＊x+1;
  default：y＝0;
}
	在计算分段函数值时，由于 switch 语句中每个 case 子句代表一个分支，需要加 break 语句跳出。正确表示为
	switch(x)
	{ case 1：y＝2＋x;break;
	  case 2：y＝3＊x+1;break;
	  default：y＝0;}
		逻辑错误

switch(x);
{ case 1：y＝2＋x;break;
  case 2：y＝3＊x+1;break;
  default：y＝0;
}
	switch 表达式的右括号后多了一个分号。正确表示为
	switch(x)
	{ case 1：y＝2＋x;break;
	  case 2：y＝3＊x+1;break;
	  default：y＝0; }
		语法错误

switch(x)
{ case1：y＝2＋x;break;
  case2：y＝3＊x+1;break;
  default：y＝0;
}
	switch 语句中，case 子句和其后常量表达式之间缺少空格。正确表示为
	switch(x)
	{ case 1：y＝2＋x;break;
	  case 2：y＝3＊x+1;break;
	  default：y＝0;}
		语法错误

switch(x)
{ case 1：y＝2＋x;break;
  default：y＝0;
  case 1：y＝3＊x+1;break;
}
	switch 语句中，不能出现两个相同值的 case 子句，即各个 case 子句的常量表达式值必须不相同	语法错误

switch(x)
{ case 0~10：
    y＝2＋x;break;
  case 11~10：
    y＝3＊x+1;break;
  default：y＝0;
}
	switch 语句中，case 子句的常量表达式不能用一个区间表示	语法错误

常见错误实例	常见错误描述	错误类型

switch(x)
{ case 1.0:
　　y=2+x;break;
　case 2.0:
　　y=3 * x+1;break;
default:y=0;}
	switch 语句中,case 子句的常量表达式只能是整型或字符型,故若为实型会报错	语法错误

练 习 3

完成以下课后练习时,各题的所有项目和文件都建立在解决方案 C_study 中。

1. 编写程序(项目名 E03_01,文件名 E03_01.c):简单的计算器设计。从键盘输入两个整数和一个运算符(+、-、* 、/),然后计算相应表达式的值。

2. 编写程序(项目名 E03_02,文件名 E03_02.c):从键盘输入一字符,如果是大写英文字母,就将其转换为小写英文字母并输出;如果是小写英文字母,则将其转换为大写英文字母并输出;如果不是英文字母,则直接输出。

3. 编写程序(项目名 E03_03,文件名 E03_03.c):从键盘输入一字符,判断该字符是数字字符、大写英文字母、小写英文字母、空格还是其他字符。

4. 编写程序(项目名 E03_04,文件名 E03_04.c):按以下公式计算 y 的值。

$$y = \begin{cases} -x + 2.5 & (0 \leqslant x < 2) \\ 2 - 1.5(x-3)^2 & (2 \leqslant x < 4) \\ \dfrac{x}{2} - 1.5 & (4 \leqslant x < 6) \end{cases}$$

5. 编写程序(项目名 E03_05,文件名 E03_05.c):输入年份和月份,计算该月有多少天。

第 **4** 章

循环结构程序设计

4.1　知识点梳理

1. while 语句

一般形式：

while(表达式)　语句

执行过程：计算表达式(即循环条件)的值；若值为真，则执行语句，然后转回再次计算表达式的值，若为真则继续执行语句，直到值为假时结束循环。

例如：

(1) while(x＞y) max＝x;

计算表达式 $x＞y$ 的值，如果值为真，则执行语句 max＝x，然后返回重新计算表达式的值，如果为真，则再次执行语句 max＝x，直到表达式的值为假时结束循环。

(2) while(x＞y){t＝x; x＝y; y＝t;}

计算表达式 $x＞y$ 的值，如果值为真，则执行复合语句{t＝x; x＝y; y＝t;}，然后返回重新计算表达式的值，如果为真，则继续执行语句{t＝x; x＝y; y＝t;}，直到表达式的值为假时结束循环。

while 语句适合表示循环次数不确定的循环结构。

2. do-while 语句

一般形式：

do　语句　while(表达式);

执行过程：先执行 do-while 之间的语句，然后计算并判断 while 后表达式(即循环条件)的值是否为真，若值为真，则再次执行语句，直到表达式的值为假时结束循环。

例如：

(1) do max＝x; while(x＞y);

先执行语句 max＝x，然后计算表达式 $x＞y$ 的值，如果表达式值为真，则再次执行语句 max＝x，直到表达式的值为假时结束循环。

（2）do {t＝x；x＝y；y＝t；} while(x＞y)；

先执行复合语句{t＝x；x＝y；y＝t；}，然后计算表达式 $x＞y$ 的值，如果表达式值为真，则继续执行复合语句{t＝x；x＝y；y＝t；}，直到表达式的值为假时结束循环。

do-while 语句也适合表示循环次数不确定的循环结构。与 while 语句不同的是，do-while 语句是先执行循环体，后判断循环条件。

3. for 语句

一般形式：

for(表达式 1;表达式 2;表达式 3) 语句

执行过程：① 计算表达式 1(循环变量初值)的值；
　　　　　② 计算表达式 2(循环条件)的值，若值为真则转至③，否则转至⑤；
　　　　　③ 执行 for 中的语句；
　　　　　④ 计算表达式 3(循环增量表达式)的值，然后转回②；
　　　　　⑤ 循环结束。

例如：

for(i=1;i<10;i++) s=s+i;

① 计算 $i＝1$ 的值；
② 计算 $i＜10$ 的值，若值为真则转至③，否则转至⑤；
③ 执行语句 s＝s+i；
④ 计算 $i＋＋$ 的值，然后转回②；
⑤ 循环结束。

for 语句适合表示循环次数确定的循环结构，使用方式灵活，在 C 语言程序中应用广泛。

4. 循环的嵌套

在一个循环体内又包含另一个完整循环的程序结构称为**循环的嵌套**，又称为**多重循环**。

在 C 语言中，while 循环、do-while 循环和 for 循环可以嵌套自身，也可以相互嵌套，即在 while 循环、do-while 循环和 for 循环内，都可以完整地包含任一种形式的循环结构。

5. break 语句

一般形式：

break;

break 语句的功能如下。

（1）在 switch 语句中可跳出 switch 结构；

（2）在循环结构中,可中断当前循环的执行并跳出循环。

6. continue 语句

一般形式:

```
continue;
```

continue 语句的功能是在循环结构中可结束本次循环,即跳过循环体中下面尚未执行的语句,转入下一次循环条件的判断。

7. 循环的应用

循环结构在编程中应用非常广泛,可以说任何一个稍微复杂的程序都和循环有关。在本章学习中,有一些重要的算法,如级数求和、穷举算法、递推算法、判别素数算法等。希望认真学习这些算法,掌握其主要方法和应用,并能举一反三。

4.2　案例应用与拓展——循环使用菜单

在第 3 章介绍了如何显示学生成绩管理程序菜单的方法,由于选择结构本身的局限,显示的菜单只能被选择执行一遍。在学完本章内容之后,可应用循环结构进一步拓展程序功能,从而使菜单能重复显示和使用。以下代码分别采用 while 循环、for 循环和 do-while 循环 3 种形式实现了学生成绩管理程序中菜单的循环使用。

1. 用 while 形式实现学生成绩管理程序中菜单的循环使用

认真阅读以下程序,然后在解决方案 C_study 中,建立项目 W04_01 和文件 W04_01.c,调试运行程序并观察运行结果。

```c
#include <stdio.h>
#include <stdlib.h>
int main()
{
    int j;
    while(1)
    {   system("cls");                                  /* 清屏 */
        printf("\n\n\n\t\t\t    欢迎使用学生成绩管理系统 \n\n\n");
        printf("\t\t\t *******************************\n");
        printf("\t\t\t *           主菜单           * \n");
        printf("\t\t\t *******************************\n\n\n");
        printf("\t\t     1  成绩输入       2  成绩删除 \n\n");
        printf("\t\t     3  成绩查询       4  成绩排序 \n\n");
        printf("\t\t     5  显示成绩       6  退出系统 \n\n");
        printf("\t\t          请选择[1/2/3/4/5/6]: ");
```

```
        scanf("%d",&j);
        switch(j)
        {
            case  1: printf("成绩输入 \n"); system("pause");break;
            case  2: printf("成绩删除 \n"); system("pause");break;
            case  3: printf("成绩查询 \n"); system("pause");break;
            case  4: printf("成绩排序 \n"); system("pause");break;
            case  5: printf("显示成绩 \n"); system("pause");break;
            case  6: exit(0);
        }
    }
    return 0;
}
```

说明：以上程序中使用 system("pause")函数可暂停程序执行，直到按任意键继续。

2. 用 for 形式实现学生成绩管理程序中菜单的循环使用

认真阅读以下程序，然后在解决方案 C_study 中，建立项目 W04_02 和文件 W04_02.c，调试运行程序并观察运行结果。

```
#include <stdio.h>
#include <stdlib.h>
int main()
{   int j;
    for(;;)
    {   system("cls");                                    /* 清屏 */
        printf("\n\n\n\t\t\t    欢迎使用学生成绩管理系统 \n\n\n");
        printf("\t\t\t *******************************\n");
        printf("\t\t\t *            主菜单           * \n");
        printf("\t\t\t *******************************\n\n\n");
        printf("\t\t        1  成绩输入       2  成绩删除 \n\n");
        printf("\t\t        3  成绩查询       4  成绩排序 \n\n");
        printf("\t\t        5  显示成绩       6  退出系统 \n\n");
        printf("\t\t        请选择[1/2/3/4/5/6]: ");
        scanf("%d",&j);
        switch(j)
        {
            case  1: printf("成绩输入 \n"); system("pause");break;
            case  2: printf("成绩删除 \n"); system("pause");break;
            case  3: printf("成绩查询 \n"); system("pause");break;
            case  4: printf("成绩排序 \n"); system("pause");break;
            case  5: printf("显示成绩 \n"); system("pause"); break;
            case  6: exit(0);
        }
    }
```

```
    }
    return 0;
}
```

3. 用 do-while 形式实现学生成绩管理程序中菜单的循环使用

认真阅读以下程序,然后在解决方案 C_study 中,建立项目 W04_03 和文件 W04_03.c,调试运行程序并观察运行结果。

```
#include <stdio.h>
#include <stdlib.h>
int main()
{
    int j;
    do
    {   system("cls");                                           /* 清屏 */
        printf("\n\n\n\t\t\t    欢迎使用学生成绩管理系统\n\n\n");
        printf("\t\t\t ***********************************\n");
        printf("\t\t\t *              主菜单             * \n");
        printf("\t\t\t ***********************************\n\n\n");
        printf("\t\t         1  成绩输入         2  成绩删除\n\n");
        printf("\t\t         3  成绩查询         4  成绩排序\n\n");
        printf("\t\t         5  显示成绩         6  退出系统\n\n");
        printf("\t\t         请选择[1/2/3/4/5/6]: ");
        scanf("%d",&j);
        switch(j)
        {
            case  1: printf("成绩输入\n"); system("pause"); break;
            case 2: printf("成绩删除\n"); system("pause"); break;
            case 3: printf("成绩查询\n"); system("pause"); break;
            case 4: printf("成绩排序\n"); system("pause");break;
            case 5: printf("显示成绩\n"); system("pause");break;
            case 6: exit(0);
        }
    }while(1);
    return 0;
}
```

4. 拓展练习

(1) 编写程序:参照 1,用 while 形式实现以下菜单的循环使用。

在解决方案 C_study 中,建立项目 W04_04 和文件 W04_04.c,调试运行程序并观察运行结果。

```
**************************************
*          1---通讯录信息输入       *
*          2—通讯录信息删除         *
*          3---通讯录信息查询        *
*          4---通讯录信息排序        *
*          0---退出                 *
**************************************
```
　　请输入你的选择(0---4):

(2) 编写程序：参照 2,用 for 形式实现题(1)中菜单的循环使用。

在解决方案 C_study 中,建立项目 W04_05 和文件 W04_05.c,调试运行程序并观察运行结果。

(3) 编写程序：参照 3,用 do-while 形式实现题(1)中菜单的循环使用。

在解决方案 C_study 中,建立项目 W04_06 和文件 W04_06.c,调试运行程序并观察运行结果。

4.3 编 程 技 能

4.3.1 程序的查错和排错

编写好一个程序只能说完成任务的一半,对程序查错和排错往往比编写程序更难,更需要精力、时间和经验。常常有这样的情况：程序花一天就写完了,而对程序查错和排错两三天也未能完成。有时一个小小的程序会出错五六处,而发现和排除一个错误,有时竟需要半天时间,甚至更多。

对程序查错和排错一般有以下几步。

(1) 先进行人工检查,即静态检查。

在编写好一个程序以后,不要匆匆忙忙上机,而应对纸面上的程序进行人工检查。这一步能发现由于疏忽而造成的错误。

(2) 在人工(静态)检查无误后,再上机调试。

通过上机发现错误称为动态检查。在程序编译时给出语法错误的信息(包括哪一行有错以及错误类型),可以根据提示的信息具体找出程序中出错之处并改正。应当注意的是,有时提示的出错行并不是真正出错的行,如果在提示出错的行上找不到错误的话,应当到上一行再找。另外,有时提示出错的类型并非绝对准确,由于出错的情况繁多而且各种错误互相关联,因此要善于分析,找出真正的错误,而不要只从字面意义上死抠出错信息,钻牛角尖。

如果系统提示的出错信息多,应当从上到下逐一改正。有时显示出一大片出错信息,往往使人感到问题严重,无从下手。其实可能只有一两个错误。例如,如果对所用的变量未定义,程序编译时就会对所有含该变量的语句发出出错信息,修改时只要加上一个变量定义,所有错误就都消除了。

（3）分析运行结果,看它是否符合任务要求。

在改正语法错误后,程序经过连接就得到可执行的目标程序,然后运行程序,输入程序所需数据,就可得到运行结果。此时,还应当对运行结果进行分析,看它是否符合任务要求。有的初学者看到输出运行结果就认为没问题了,不作认真分析,这是危险的。

有时,数据比较复杂,难以立即判断结果是否正确。可以事先考虑好一批"测试数据",输入这些数据可以得出容易判断正确与否的结果。具体方法可参看 3.3 节编程技能部分的介绍。

（4）如果运行结果不对,大多属于逻辑错误。

对于这类错误往往需要仔细检查和分析才能发现,可以采用如下方法。

① 将程序与流程图仔细对照,如果流程图是正确的,程序编写错了,是很容易发现的;

② 如果实在找不到错误,可以采取"分段检查"的方法,即在程序不同位置设几个printf 函数语句,输出有关变量的值,逐段往下检查。直到找到在某一段中数据不对为止。这时就已经把错误局限在这一段中了。不断缩小"查错区",就可能发现错误所在;

③ 也可以用"条件编译"命令进行程序调试(在程序调试阶段,若干 printf 函数语句要进行编译并执行。当调试完毕,这些语句不再编译了,也不再被执行了)。这种方法可以不必一一删去 printf 函数语句,以提高效率;

④ 如果在程序中没有发现问题,就要检查流程图有无错误,即算法有无问题,若有则改正,接着修改程序;

⑤ 如果错误难以发现,可使用系统提供的 Debug(调试)工具,用单步调试跟踪程序流程并给出相应信息,使用更为方便,详见下节的介绍。

总之,对程序查错和排错是一项细致、深入的工作,需要下功夫、动脑子、善于积累经验。

4.3.2 程序的单步调试法

对于程序中一些较难以发现的逻辑错误,可以使用系统提供的 Debug(调试)工具,用单步调试可以跟踪程序执行的流程,快速排除错误,提高排错效率。

单步调试法的特点是程序一次执行一行,执行完一行后即暂停,用户可以检查此时有关变量和表达式的值,以便发现问题所在。

【例 4-1】 阅读以下程序。

在解决方案 C_study 中,建立项目 D04_01 和文件 D04_01.c,调试运行程序并观察运行结果。

```
#include <stdio.h>
int main()
{
    int a,b;
    float c;
    scanf("%d%d",&a,&b);
```

```
c=a/b;
printf("c=%d",c);
return 0;
}
```

在 VC2010 环境编译连接通过后,按 F10 键进入单步调试状态。注意,现在在任务栏上增加一个命令提示符窗口,该提示符内容为空白。

而当前窗口停留在 VC2010 界面上。在 VC2010 窗口里可以发现 Debug 工具栏 ⫶▶ ▪ ⇨ ⁅ ⁅ ⁅ 十六进制 ▫ ⁔。Debug 工具栏提供了停止执行按钮 ▪、继续执行按钮 ▶、显示当前待执行语句按钮 ⇨、单步执行之 Step Into 按钮 ⁅、单步执行之 Step Over 按钮 ⁅、单步执行之 Step Out 按钮 ⁅、切换为十六进制显示方式 十六进制 ,以及显示各调试窗口 ▫ 等功能按钮。

如果 Debug 工具栏未显示,可以在 VC2010 界面工具栏的空白处右击来将其显示。

在监视 1 窗口中添加要观察的变量 c。VC2010 提供了多达 4 个监视窗口,以便于复杂调试时分类观察程序的变化。在程序中断的状态下,选择监视 1 窗口,在名称下空白栏目中双击可添加新的监视(如变量 c);在已有的监视中单击名称可修改监视变量;选中后按键盘上的 Delete 键可删除监视变量。按回车键后监视窗口中列出该变量及此时的值。因为此时尚未执行到变量 c 定义的地方,故给出如图 4-1 所示的提示。

图 4-1　添加新的监视变量

反复按 F10 键,程序执行到 scanf 时将切换到用户屏幕要求输入,输入数据 6□3↙(□表示空格,↙表示回车),使程序继续执行。图 4-2 是刚由命令提示符返回 VC2010 的情况。向监视 1 中添加 a 变量和 b 变量,可以发现 a、b 已经正确获得了值,但 c 变量仍然是个未经赋值的值(随机值)。短暂地观察变量 c,不一定需要将变量添加到监视区,鼠标移动到代码中的变量名上也可以直接看到 c 的当前值。如鼠标移动到 c 变量上可以看到 c 当前是一个随机值。

继续单步调试,(按 F10 键或者单击工具条上按钮 ⁅)执行下一条语句。观察 c 变量的值,可以发现 c 已经被赋值为 2.0,该值是正确的。

继续使用单步调试,执行 printf 语句。程序执行后停留在 VC2010 界面上。切换到命令提示符观察输出结果,如图 4-3 所示。注意到监视 1 窗口中的值和输出的值不一致,命令提示符中输出的值是错误的,那么由此推断错误出在 printf 语句上。仔细检查发现格式输出符与 c 的数据类型不符。改正后运行,再次输入 6 和 3,结果正确。

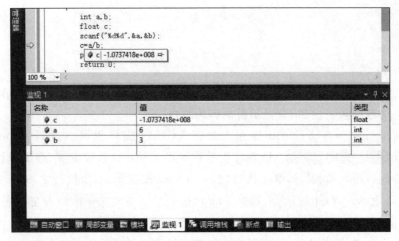

图 4-2　监视与快捷监视

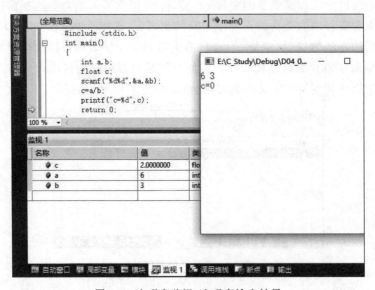

图 4-3　边观察监视,边观察输出结果

思考:例 4-1 程序还有问题吗? 请输入 2 和 4、6 和 4 两组数据观察结果,分析原因并修改程序。

4.4　实　践　训　练

实训 7　循环语句及应用

一、实训目的

(1) 理解当型循环和直到型循环概念;

（2）掌握 while 、do-while 和 for 三种循环结构及执行过程；

（3）学会应用三种循环结构编写简单程序。

二、实训准备

（1）复习 while 语句格式、功能及执行过程；

（2）复习 for 语句格式、功能及执行过程；

（3）复习 do-while 语句格式、功能及执行过程；

（4）复习级数求和问题的相关例题；

（5）阅读编程技能中相关技能；

（6）认真阅读以下实训内容中各题，完成预习要求中的各项任务。

三、实训内容

以下各题的所有项目和文件都要求建立在解决方案 C_study 中。

1. 程序填空：从键盘输入若干学生的成绩，当输入－1 时结束，然后统计并输出最高分。

部分代码如下：

```c
#include<stdio.h>
int main()
{   float x,max;
    scanf("%f",&x);
        (1)  ;
    while(   (2)   )
    {   if(x>max)   (3)  ;
        scanf("%f",&x);
    }
    printf("max=%f\n",max);
    return 0;
}
```

预习要求：厘清程序思路，并将程序补充完整；设计并填充表 4-1 中的测试输入及预测结果。

上机要求：建立项目 P04_01 和文件 P04_01.c，调试运行程序，在表 4-1 中记录实际运行结果并分析结果。

表 4-1　题 1 测试用表

序号	测 试 输 入	预 测 结 果	实际运行结果
1			

2. 程序改错：从键盘输入一个正整数保存到变量 m 中，求 n，使 $n! \leqslant m \leqslant (n+1)!$。例如，输入 $m=726$，则输出 $n=6$。

含有错误的代码如下：

```
#include <stdio.h>
int main()
{   int m,n,jc1,jc2;
    jc2=0;
    scanf("%d",&m);
    for(n=1,jc2<=m;)
    {   n++;
        jc2=jc2*n;
    }
    jc1=jc2/n;
    printf("n=%d\tjc1=%d\tjc2=%d\n",n,jc1,jc2);
    return 0;
}
```

预习要求：厘清程序思路，找出程序中的错误并改正；填充表 4-2 中的测试输入和预测结果。

上机要求：建立项目 P04_02 和文件 P04_02.c，调试运行程序，在表 4-2 中记录实际运行结果并分析结果。

表 4-2 题 2 测试用表

序号	测 试 输 入	预 测 结 果	实际运行结果
1			

3. 编写程序：求 $1-3+5-7+\cdots-99+101$ 的和。

预习要求：画出算法流程图并编写程序；填充表 4-3 中的预测结果。

上机要求：建立项目 P04_03 和文件 P04_03.c，调试运行程序，在表 4-3 中记录实际运行结果并分析结果。

提示：本题是一个典型的级数求和问题，可仿照主教材例 4-1 方法实现求和，但要注意在累加某一项时，要考虑数的正负变化。

表 4-3 题 3 测试用表

序号	预 测 结 果	实际运行结果
1		

4. 编写程序：找出从 1 开始的前 20 个不能同时被 2、3、5、7 整除的所有数，并求这些数的和。

预习要求：画出流程图并编写出程序；填充表 4-4 中的预测结果（找出前 5 个）。

上机要求：建立项目 P04_04 和文件 P04_04.c，调试运行程序，在表 4-4 中记录实际运行结果并分析结果。

提示：① 定义一个变量 n 表示要找的整数,初值为 1 并逐次加 1;

② 另外定义一个变量 m 来统计符合条件的数的个数,并用 m 控制循环的执行;

③ 每找出一个符合条件的数,用变量 s 累加和值;

④ 在循环开始前,注意要给这些变量赋相应的初始值。

表 4-4　题 4 测试用表

序号	预测结果(找出前 5 个)	实际运行结果
1		

四、常见问题

使用简单循环结构时常见的问题如表 4-5 所示。

表 4-5　简单循环结构常见问题

常见错误实例	常见错误描述	错误类型

while(n<=100)
{ s+=n;
　n++;
}
	求 1~100 的和时,在循环前未对循环变量 n 和累加和变量 s 赋初始值,导致运行结果不确定。正确形式:
	n=1;s=0;
	while(n<=100)
	{ s+=n;　n++;}
		逻辑错误

for(n=1,s=0;n<=100)
{ s+=n;
　n++;
}
	在 for 语句中表达式 2 和表达式 3 之间缺少分号。正确形式:
	for(n=1,s=0;n<=100;)
	{s+=n;　n++;}
		语法错误

n=1;s=0;
do { s+=n;
　　n++;
　}while(n<=100)
	do-while 语句的 while 后面缺少分号。正确表示:
	n=1;s=0;
	do { s+=n;
	　　　n++;
	　　}while(n<=100);
		语法错误

for(n=1,s=0;n<=100;);
{ s+=n;
　n++;
}
	在 for 语句中的右圆括号后面多加了一个分号,导致循环体是一个空语句。正确形式:
	for(n=1,s=0;n<=100;)
	{ s+=n; n++; }
		逻辑错误

for(n=1,s=0;n<=100;) 　s+=n;	由于 for 语句中省略了表达式 3,而在循环体中又没有与此相应的语句,导致循环不能终止。正确形式: for(n=1,s=0;n<=100;) { s+=n; n++;}	逻辑错误

for(n=1,s=0;n<=100;)
　s+=n;
　n++;
	当 for 语句的循环体是由两条以上语句构成时,应该加{}构成复合语句。正确形式:
	for(n=1,s=0;n<=100;)
	{ s+=n; n++;}
		逻辑错误

实训 8　循环嵌套及 break 和 continue 语句

一、实训目的

（1）理解循环嵌套的概念和应用；

（2）掌握 break 语句和 continue 语句的功能和应用；

（3）进一步学会循环结构编程。

二、实训准备

（1）复习循环嵌套结构概念和相关说明；

（2）复习 break 语句和 continue 语句的格式和功能；

（3）复习级数求和问题的相关例题；

（4）复习递推算法的相关例题；

（5）复习穷举算法的相关例题；

（6）阅读编程技能中相关技能；

（7）认真阅读以下实训内容,完成预习要求中的各项任务。

三、实训内容

以下各题的所有项目和文件都要求建立在解决方案 C_study 中。

1. 程序填空：找出 $100 \sim 999$ 之间有多少个数,其各位数字之和是 5。例如：113 的百位为 1,十位为 1,个位为 3,则有 $1+1+3=5$,113 就为满足条件的一个数。

部分代码如下：

```
#include <stdio.h>
int main()
{
    int i,s,k,count=0;
    for(i=100;i<1000;i++)
    {
        s=0;
        k=i;
        while(   (1)   )
        {
            s=s+k%10;
            k=   (2)   ;
        }
        if(s!=5)   (3)   ;
        else  {printf("%6d",i);count++;}
    }
    printf("\n%d\n",count);
```

```
        return 0;
    }
```

预习要求：厘清程序思路，并将程序补充完整；填充表 4-6 中的预测结果。

上机要求：建立项目 P04_05 和文件 P04_05.c，调试运行程序，在表 4-6 中记录实际运行结果并分析结果。

表 4-6　题 1 测试用表

序号	预测结果（符合条件的前 5 个数）	实际运行结果（符合条件的前 5 个数）
1		

2. 程序改错：用以下公式计算 e 的近似值：

$$e = 1 + \frac{1}{1!} + \frac{1}{2!} + \frac{1}{3!} + \cdots$$

精度要求为 10^{-6}，计算精度公式为 $\delta_n = |S_{n+1} - S_n| = \left| \frac{1}{n!} \right|$。

含有错误的代码如下：

```
#include<stdio.h>
int main()
{   int p,i;
    float e;
    e=0;
    p=1;
    i=1;
    while(1/p>1e-6)
    {   e=e+1/p;
        p=p*i;
        i++;
    }
    printf("e=%.3f\n",e);
    return 0;
}
```

预习要求：厘清程序思路，找出程序中的错误并改正；填充表 4-7 中的预测结果。

上机要求：建立项目 P04_06 和文件 P04_06.c，调试运行程序，在表 4-7 中记录实际运行结果并分析结果。

表 4-7　题 2 测试用表

序号	预 测 结 果	实际运行结果
1		

3. 编写程序：猴子吃桃子问题。

猴子第一天摘下若干个桃子，当即吃了一半，还不过瘾，又多吃了一个。第二天早上将剩下的桃子吃掉一半，又多吃了一个。以后每天早上都吃了昨天剩的一半零一个。到第 10 天早上一看，只剩下一个桃子。求第一天共摘了多少个桃子？

预习要求：画出流程图并编写程序；填充表 4-8 中的预测结果。

上机要求：建立项目 P04_07 和文件 P04_07.c，调试运行程序，在表 4-8 中记录实际运行结果并分析结果。

提示：本题采用递推方法求解。

① 根据题意找出递推公式（顺推），并做整理（变为逆推）；

② 设计循环，注意循环的执行次数。

表 4-8　题 3 测试用表

序号	预 测 结 果	实际运行结果
1		

4. 编写程序：输入 n 值，输出如图 4-4 所示高和上底均为 n(如 $n=5$)的等腰梯形。

```
    * * * * *
   * * * * * * *
  * * * * * * * * *
 * * * * * * * * * * *
* * * * * * * * * * * * *
```

图 4-4　题 4 输出

预习要求：画出流程图并编写程序；设计并填充表 4-9 中的测试输入和预测结果。

上机要求：建立项目 P04_08 和文件 P04_08.c，调试运行程序，在表 4-9 中记录实际运行结果并分析结果。

提示：本题要用循环嵌套实现。

① 输入高 n；

② 用变量 i 控制外循环，表示输出图形的行数，共循环 n 次；

③ 用变量 j 控制内循环，表示每行要打印的图形；

④ 在内循环中，先要输出每行图形符前的空格，然后再输出图形符。

表 4-9　题 4 测试用表

序号	测试输入	预测结果	实际运行结果
1			

四、常见问题

使用循环嵌套时常见的问题如表 4-10 所示。

表 4-10　循环嵌套常见问题

常见错误实例	常见错误描述	错误类型

for(i＝100;i＜1000;i＋＋)
{ s＝0;
　while(i)
　{ s＝s+i％10;
　　i＝i/10; }
　if(s＝＝5)printf("％d",i);
}
	在内循环中不要改变外循环变量的值。正确表示：
	for(i＝100;i＜1000;i＋＋)
	{ s＝0;k＝i;
	　while(k)
	　{ s＝s+k％10;k＝k/10; }
	　if(s＝＝5)printf("％d",i);
	}
		逻辑错误

int i＝1,p＝1;
float　e＝1;
while(1/p＞1e-6)
{ e＝e+1/p;
　p＝p*i;
　i＋＋;
}
	除法运算时,当左右运算量为整型量时,表示整除运算,结果为整型。正确表示：
	int i＝1;
	float　e＝1,p＝1;
	while(1/p＞1e-6)
	{ e＝e+1/p;
	　p＝p*i;i＋＋;
	}
		逻辑错误

int n;
for(n＝1;n＜＝100;n＋＋)
　for(n＝1;n＜＝100;n＋＋)
　　…
	嵌套循环中的内层循环和外层循环的循环变量不能同名。正确表示：
	int n,m;
	for(n＝1;n＜＝100;n＋＋)
	　for(m＝1;m＜＝100;m＋＋)
	　　…
		逻辑错误

实训 9　循环结构的综合应用

一、实训目的

(1) 掌握素数的判别方法；
(2) 巩固常用算法的应用；
(3) 学会编写循环应用程序。

二、实训准备

(1) 复习循环结构相关内容；
(2) 复习判别素数的相关例题；
(3) 复习穷举算法的相关例题；
(4) 阅读编程技能中相关技能；
(5) 认真阅读以下实训内容,完成预习要求中的各项任务。

三、实训内容

以下各题的所有项目和文件都要求建立在解决方案 C_study 中。

1. 程序填空：找出用一元人民币兑换一分、二分、五分的所有兑换方案。
部分代码如下：

```c
#include <stdio.h>
int main()
{
    int i,j,k,n=0;
    for(i=0;i<=20;i++)
    for(j=0;j<=50;j++)
    {   k=  (1)  ;
        if(  (2)  )
        {   printf("%4d%4d%4d",i,j,k);
             (3)  ;
            if(n%5==0) printf("\n");
        }
    }
    return 0;
}
```

预习要求：厘清程序思路，并将程序补充完整；填充表 4-11 中的预测结果。

上机要求：建立项目 P04_09 和文件 P04_09.c，调试运行程序，在表 4-11 中记录实际运行结果并分析结果。

表 4-11   题 1 测试用表

序号	预测结果（符合条件的 5 组数）	实际运行结果（符合条件的 5 组数）
1		

2. 程序改错：找出 1～1000 以内的所有素数并统计素数的个数。
含有错误的代码如下：

```c
#include <stdio.h>
int main()
{   int n=0,k,i,m;
    for(m=2;m<1000;m++)
    {   k=sqrt(m);
        for(i=1;i<=k;i++)
            if(m%i!=0) break;
        if(i>k)
        {   n++;
            printf("%d%c",m,n%10? '\t':'\n');
        }
    }
    printf("\nn=%d\n",n);
    return 0;
}
```

预习要求：厘清程序思路，找出程序中的错误并改正；填充表 4-12 中的预测结果。

上机要求：建立项目 P04_10 和文件 P04_10.c，调试运行程序，在表 4-12 中记录实际运行结果并分析结果。

表 4-12　题 2 测试用表

序号	预测结果（符合条件的前 10 个数）	实际运行结果（符合条件的前 10 个数）
1		

3. 编写程序：输入任意一个实数，输出该数的最高位数字和第 1 位小数的数字。

预习要求：画出流程图并编写出程序；设计并填充表 4-13 中的测试输入和预测结果。

上机要求：建立项目 P04_11 和文件 P04_11.c，调试运行程序，在表 4-13 中记录实际运行结果并分析结果。

提示：求数的最高位，需要先对数取整，然后可仿照实训 8 中题 1 的方法读取。

表 4-13　题 3 测试用表

序号	测 试 输 入	预 测 结 果	实际运行结果
1			

4. 编写程序：求 10000 以内所有的完全数。

所谓完全数是指该数的所有因子之和为该数的两倍。例如，6 的因数有 1、2、3、6，其和是 12，恰好是 6 的两倍，所以 6 是完全数。

预习要求：画出流程图并编写出程序；填充表 4-14 中的预测结果。

上机要求：建立项目 P04_12 和文件 P04_12.c，调试运行程序，在表 4-14 中记录实际运行结果并分析结果。

提示：本题用循环嵌套结构实现。

① 设变量 x 作为外循环变量，取值范围为 $1 \sim 10000$；

② 判断 x 是否为完全数时，可先在内循环中求出其因子和，然后再判断；

③ 求 x 的因子，可取 $1 \sim x$ 范围内的每一个数，判断能否整除 x。

表 4-14　题 4 测试用表

序号	预 测 结 果	实际运行结果
1		

四、常见问题

应用循环结构时常见的问题如表 4-15 所示。

表 4-15　循环应用常见问题

常见错误实例	常见错误描述	错误类型

for(i=2;i<m;i++)
　if(m%i==0) break;
　else printf("%d",m);
	根据素数的定义,判别素数的 if 语句设计出错。正确形式:
	for(i=2;i<m;i++)
	　　if(m%i==0) break;
	if(i>=m)printf("%d",m);
		逻辑错误

float x; int n; … n=x%10;	不能对实型数做求余运算。正确形式: float x; int n; … n=(int)x%10;	语法错误

int x,n,s=0;
for(n=1;n<=100;n++)
for(x=1;x<=n;x++)
　if(n%x==0) s+=x;
	s 表示 n 的因子和时,应该每次求 n 的因子和前赋值 0。正确形式:
	for(n=1;n<=100;n++)
	　for(x=1,s=0;x<=n;x++)
	　　if(n%x==0) s+=x;
		逻辑错误

练　习　4

完成以下课后练习时,各题的所有项目和文件都建立在解决方案 C_study 中。

1. 程序填空(项目名 E04_01,文件名 E04_01.c): 找出 1~1000 之间满足"用 3 除余 2 且用 5 除余 3 和用 7 除余 2"的所有数并统计其个数。

部分代码如下:

```c
#include <stdio.h>
int main()
{
    int i=1,n=0;
    do{
        if(  (1)  )
        {
            printf("%4d",i);
             (2) ;
            if(n%5==0) printf("\n");
        }
         (3) ;
    }while(i<=1000);
    printf("\nn=%d\n",n);
    return 0;
}
```

2. 程序填空(项目名 E04_02,文件名 E04_02.c)：等差数列的第一项 $a=2$,公差 $d=3$,要求输出等差数列的前 n 项和中能被 4 整除且小于 200 的所有和。

部分代码如下：

```
#include <stdio.h>
int main()
{
    int a=2,d=3,sum=0;
    do{
        sum+=a;
         (1)  ;
        if( (2)  ) printf("%d\n",sum);
        }while(sum<200);
    return 0;
}
```

3. 程序填空(项目名 E04_03,文件名 E04_03.c)：输出 1~100 之间每位数的乘积大于每位数的和的所有数。例如,输入 26,则有 $2*6>2+6$。

部分代码如下：

```
#include <stdio.h>
int main()
{   int n,k=1,s=0,m;
    for(n=1;n<=100;n++)
    {   k=1;
        s=0;
         (1)  ;
        while(  (2)  )
        {   k*=m%10;
            s+=m%10;
             (3)  ;
        }
        if(k>s) printf("%d\t",n);
    }
    return 0;
}
```

4. 编写程序(项目名 E04_04,文件名 E04_04.c)：从键盘输入一个正整数 n,计算该数的各位数之和并输出。例如,输入 5246,则和为 $5+2+4+6=17$。

5. 编写程序(项目名 E04_05,文件名 E04_05.c)：计算并输出 C 的值,要求精度为 0.000001。

$$C = 1 + \frac{1}{x^1} + \frac{1}{x^2} + \frac{1}{x^3} + \frac{1}{x^4} + \cdots (x > 1)$$

6. 编写程序(项目名 E04_06,文件名 E04_06.c)：一个排球运动员练习托球,第 2 次只能托到第 1 次托起高度的 2/3 偏高 25cm。按此规律，他托到第 8 次时，只托起了 1.5m。求第 1 次托起了多少米？

7. 编写程序(项目名 E04_07，文件名 E04_07.c)：由 1、2、3、4 这 4 个数字，能组成多少个互不相同且无重复数字的三位数？这些三位数分别是什么？

8. 编写程序(项目名 E04_08，文件名 E04_08.c)：求出所有各位数字的立方和等于1099 的三位整数。

9. 编写程序(项目名 E04_09，文件名 E04_09.c)：求所有四位数，这些数具有以下特点：这数本身是平方数，且由其低二位和高二位所组成的 2 个二位数也是平方数。

10. 编写程序(项目名 E04_10，文件名 E04_10.c)：某个整数加上 100 后是一个完全平方数，再加上 168 又是一个完全平方数，请问该数是多少？

11. 编写程序(项目名 E04_11，文件名 E04_11.c)：输入一个十进制正整数，计算并输出它所对应的八进制数。

12. 编写程序(项目名 E04_12，文件名 E04_12.c)：输入 n 值，输出如图 4-5 所示高度为 n 的图形(例如，$n=5$ 时的 Z 形)。

13. 编写程序(项目名 E04_13，文件名 E04_13.c)：输入 n 值，输出如图 4-6 所示高度为 n 的图形(例如，$n=6$ 时的倒三角形)。

图 4-5　题 12 输出

图 4-6　题 13 输出

第5章

函　　数

5.1　知识点梳理

1. 函数的定义

函数定义形式：

函数类型　函数名(类型 形参1,类型 形参2,…)
{
　　声明语句
　　可执行语句
}

其中：

(1) 函数类型是指函数返回值的数据类型。当函数的返回值为int型时,函数类型可以省略；

(2) 函数名为合法标识符,命名规则要符合标识符规则,通常使用有意义的符号来表示；

(3) 函数分为有参函数和无参函数两种形式。对于有参函数,在函数定义时必须分别定义所有形参的类型,形参与形参之间用逗号分隔。对于无参函数,即没有形参,但函数名后的括号()不能省略；

(4) 函数体用一对大括号{}括起,主要包含声明语句和可执行语句。声明语句是对函数中使用的变量和被调函数的原型进行声明的语句,属非执行语句。可执行语句是执行该函数所有操作的语句序列。

2. 返回语句 return

return语句一般形式：

return(表达式);

或

return 表达式;

功能：在函数中，当程序执行到 return 语句时，即可返回到调用该函数的主调函数，同时将计算结果（函数返回值）带回给主调函数。

执行过程：先计算 return 语句后表达式的值，再将计算结果带回给调用它的主调函数，同时将程序执行的控制权交还给主调函数。

3. 函数的调用

函数调用的一般形式：

函数名 (实参表列)

实参的作用就是把主调函数中的值传递给被调函数。其中实参表中实参的个数与顺序必须与被调函数中形参的个数与顺序相同，实参的数据类型也应与形参的数据类型一致。

函数调用的执行过程：

① 对于有参函数，先计算实参表中参数的值，然后一一对应地赋给相应的形参；对于无参函数，则不执行此操作；

② 执行被调函数中的语句，直到遇到 return 语句时，计算并带回 return 语句中的表达式值（无返回值的函数不计算），返回主调函数。如果被调函数中无 return 语句，则遇到函数体的右大括号}返回主调函数；

③ 继续执行主调函数中函数调用的后续语句。

函数调用的方式有 3 种：函数调用语句方式、函数表达式方式和函数参数方式。

4. 函数的参数传递

在 C 程序中，当形参为简单变量时，则采用**值传递方式**。所谓值传递方式是指当执行到被调函数时，系统才为其形参变量分配存储空间，并将实参的值赋给形参对应的存储单元。由于形参变量和实参分配了不同的存储单元，形参的任何变化不会影响实参的值。当函数调用结束后，系统将收回为形参变量分配的存储空间。在值传递方式下，实参可以是变量、常量、表达式，主调函数中的实参存储位置与被调函数中的形参存储位置是互相独立的，被调函数中对形参的操作不影响主调函数中实参值，因此只能实现数据的单向传递，即在调用时将实参值传给对应形参。

当形参是指针变量或数组时，采用地址传递方式。地址传递方式是指在一个函数调用另一个函数时，并不是将主调函数中实参的值直接传递给被调函数中的形参，而是将实参的地址传递给形参，从而实参的存储地址与形参的存储地址是相同的。在这种传递方式下，被调函数在执行过程中，当需要存取形参值时，实际上是通过形参找到实参所在的地址后，直接存取实参地址中的值。因此，如果在被调函数中改变了形参的值，实际上也就改变了主调函数中实参的值。在地址传递方式下，实参可以是变量地址、指针变量或数组名，形参可以是指针变量或数组。

5. 函数的原型声明

在 C 程序中，若被调函数的定义是在其主调函数的定义之后，需要通过**函数原型**对

被调函数进行**声明**,否则程序会出错。函数原型声明主要有以下两个作用:

(1)表明函数返回值的类型,使编译系统能正确地编译和返回数据;

(2)指示形参的类型和个数,供编译系统进行检查。

函数原型声明可采用以下两种形式之一:

形式 1:函数类型 函数名(形参 1 类型,形参 2 类型,…);

形式 2:函数类型 函数名(类型 形参名 1,类型 形参名 2,…);

函数原型一般放在程序的开头部分(在所有函数定义之前)或主调函数的说明部分。其中,函数类型、函数名、参数类型、参数个数、参数顺序应与函数定义中的一致。若被调函数定义在主调函数之前,可不做声明。

6. 函数的嵌套调用

C 程序允许在一个函数调用另一个函数,而另一个函数又可调用其他函数,这种调用方式称为函数的嵌套调用。其关系如图 5-1 所示。

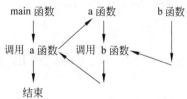

图 5-1 表示了 main 函数调用 a 函数,a 函数又调用了 b 函数的嵌套调用关系。这种嵌套调用关系的执行过程:从 main 函数开始执行,当执行到 main 函数中调用 a 函数的语句时,即转去执行 a 函数,在 a 函数中执行到调用 b 函数语句时,又转去执行 b 函数,b 函数执行完毕后返回 a 函数的调用处继续执行,a 函数执行完毕后返回 main 函数的调用处继续执行。

图 5-1 函数的嵌套调用

7. 函数的递归调用

在 C 程序中,一个函数若直接或间接调用它自身称为**递归调用**,这种函数称为**递归函数**。

递归是一种可以根据其自身来定义问题的编程技术,它是通过将问题逐步分解为与原始问题类似的更小规模的子问题来解决的。一个递归调用函数必须包含两个部分:

(1)由其自身定义的与原始问题类似的更小规模的子问题,它使递归过程持续进行;

(2)递归调用的中止条件,它是一个能够结束调用过程的条件。

递归调用的执行过程可以分为"回溯"和"递推"两个阶段。

8. 局部变量与全局变量

局部变量也称为**内部变量**,它是在函数内部定义的变量。其作用域仅限于函数内,在函数外不能再使用这些变量。

全局变量也称为**外部变量**,它是在函数外部定义的变量。其作用域是从定义位置开始到本文件的结束。

如果在同一个程序文件中,存在同名的全局变量与局部变量,则在局部变量的作用范围内,全局变量被"屏蔽",即它不起作用。

9. 变量的存储类别

由于在 C 语言中每个变量都有两个属性：数据类型和存储类型。因此，变量定义的一般形式应为

存储类型　数据类型　变量名表；

其中，数据类型是指变量所持有数据的性质，如 int 型、long 型、float 型等；存储类型是指变量的存储区域，可分为两大类，即静态存储类和动态存储类。具体又分为以下4 种：

(1) 自动类型(auto)；

(2) 寄存器类型(register)；

(3) 静态类型(static)；

(4) 外部类型(extern)。

5.2　案例应用与拓展——模块化编程

按照模块化程序设计思想，一个大的任务可以分解为若干子任务，通过采取分而治之的方法，可以降低程序的复杂性，增强重用性和可靠性，从而提高软件开发的效率。因此，应用本章知识，可进一步拓展学生成绩管理程序的功能，即采用模块化程序设计方法，将程序分解为若干子任务，并用相应的函数实现。分解后的各函数的功能如下。

(1) main 函数：显示主菜单，并根据用户选择调用相应函数；

(2) input 函数：显示成绩输入；

(3) del 函数：显示成绩删除；

(4) find 函数：显示成绩查找；

(5) sort 函数：显示成绩排序；

(6) display 函数：显示成绩。

为了便于理解，以上各函数只是显示功能划分情况，各个函数的具体功能实现方法将在下一章详细展开。

1. 学生成绩管理程序的模块化编程

请认真阅读以下程序，然后在解决方案 C_study 中，建立项目 W05_01 和文件 W05_01.c，调试运行程序并观察运行结果。

```c
#include <stdio.h>
#include <stdlib.h>
void input()                          /* 显示成绩输入 */
{
    printf("成绩输入\n");
```

```
        system("pause");
    }
    void del()                        /*显示成绩删除*/
    {
        printf("成绩删除\n");
        system("pause");
    }
    void find()                       /*显示成绩查找*/
    {
        printf("成绩查找\n");
        system("pause");
    }
    void sort()                       /*显示排序*/
    {
        printf("成绩排序\n");
        system("pause");
    }
    void display()                    /*显示成绩显示*/
    {
        printf("显示成绩\n");
        system("pause");
    }
    void menu()                       /*显示菜单*/
    {
        system("cls");                /*清屏*/
        printf("\n\n\n\t\t\t    欢迎使用学生成绩管理系统\n\n\n");
        printf("\t\t\t********************************\n");
        printf("\t\t\t *             主菜单           * \n");
        printf("\t\t\t********************************\n\n\n");
        printf("\t\t      1  成绩输入       2  成绩删除\n\n");
        printf("\t\t      3  成绩查询       4  成绩排序\n\n");
        printf("\t\t      5  显示成绩       6  退出系统\n\n");
        printf("\t\t      请选择[1/2/3/4/5/6]: ");
    }
    int main()
    {
        int j;
        while(1)
        {   menu();                    /*调用菜单显示函数*/
            scanf("%d",&j);
            switch(j)
            {
                case  1:  input(); break;
                case  2:  del(); break;
```

```
        case 3:    find(); break;
        case 4:    sort(); break;
        case 5:    display(); break;
        case 6:    exit(0);
        }
    }
    return 0;
}
```

2. 拓展练习

仿照 1,将以下菜单中各项选择用相应函数实现。其中:

(1) main 函数:显示主菜单,并根据用户选择调用相应函数;

(2) myinput 函数:显示通讯录信息输入;

(3) mydel 函数:显示通讯录信息删除;

(4) myfind 函数:显示通讯录信息查找;

(5) mysort 函数:显示通讯录信息排序。

```
*******************************************
*          1---通讯录信息输入      *
*          2---通讯录信息删除      *
*          3---通讯录信息查询      *
*          4---通讯录信息排序      *
*          0---退出               *
*******************************************
        请输入你的选择(0---4):
```

在解决方案 C_study 中,建立项目 W05_02 和文件 W05_02.c,调试运行程序并观察运行结果。

5.3 编 程 技 能

5.3.1 模块化程序设计

按照模块化程序设计思想,任何复杂的任务,都可以划分为若干子任务。如果若干子任务仍较复杂,还可以将子任务继续分解,直到分解成为一些简单的、易解决的子任务为止。可见,若要设计一个规模较大的程序,必须掌握模块化程序设计方法。

C 语言中的函数是功能相对独立的、用于模块化程序设计的最小单位,因此,在 C 程序中可以把每个子任务设计成一个函数,总任务由一个主函数和若干函数组成的程序完成。

模块化程序设计的好处是,可以先将模块各个"击破",最后再将它们集成在一起完成总任务。这样不仅便于进行单个模块的设计、开发、调试、测试和维护等工作,而且还可以使程序员能够团队合作,按模块分配完成子任务,有利于缩短软件开发的周期,也有利于模块的复用,从而提高软件生产率和程序质量。

模块化程序设计是将系统划分为若干子系统,任务分解为若干子任务,其本质思想是要实现不同层次的数据或过程的抽象。在每个模块的设计过程中,可以采用"**自顶向下、逐步细化**"的方法进行模块化程序设计。以下通过一个实例来展现"自顶向下、逐步细化"的模块化程序设计方法的设计过程。

【**例 5-1**】 编写程序按照下面的格式输出杨辉三角形。由键盘输入要输出的杨辉三角形的行数 n,当输入 $n=0$ 的时候结束。例如:

```
n=6
1
1 1
1 2 1
1 3 3 1
1 4 6 4 1
1 5 10 10 5 1
n=3
1
1 1
1 2 1
n=0
end
```

首先根据数学知识,杨辉三角形 m 行 n 个元素的计算生成公式为 $C_m^n = \dfrac{m!}{n! * (m-n)!}$。

由于有 3 个阶乘需要计算,因此将计算阶乘的部分独立出来作为函数处理。其 N-S 框图如图 5-2 所示。

在设计算法的时候,遵循"自顶而下,逐步细化"的原则。任务要求反复输入 n 的值,直到 n 的值为 0 时停止。因此是一个"**输入-计算-输出**"的反复循环过程。根据这个分析,设计出主函数的第一步 N-S 框图(图 5-2 左上)。该 N-S 图体现了"**输入-计算-输出**"循环的初步分析。由于"**计算-输出**"过程比较复杂,涉及多个数据的输出和输出格式的控制。因此需要进一步细化。由前面的示例输出结果可以看出,对于每一项输入 m,其"**计算-输出**"的结果是一个 m 行的三角形,每一行的输出数据个数和行数有关,由第 4 章知识可以判断,可采用二重循环(N-S 框图见图 5-2 右上)。每输出完一行以后需要输出一个换行符,所输出的每个数据均有计算公式。由于求 C_i^j 的计算是一个较为常见的计算,因此,可以把这个计算独立为一个函数 c(N-S 框图见图 5-2 左下)。同理,将求阶乘 $n!$ 的计算独立为一个函数 f(N-S 框图见图 5-2 右下)。由此可以构造出整个程序的结构。

相应程序代码如下,在解决方案 C_study 中,建立项目 D05_01 和文件 D05_01.c,调试运行程序并观察运行结果:

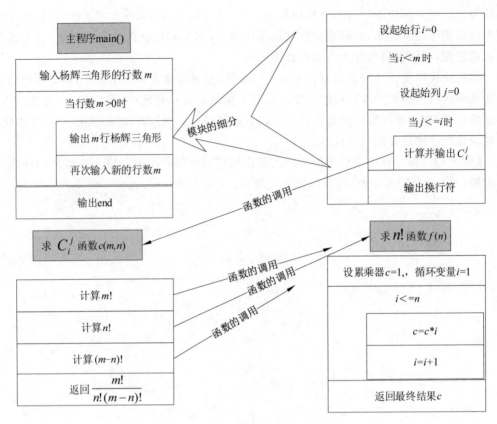

图 5-2　输出杨辉三角形的 N-S 图

```c
#include<stdio.h>
void fun(int m);
int c(int m,int n);
int f(int n);
int main()
{
    int m;
    scanf("%d",&m);
    while(m>0)
    {
        fun(m);
        scanf("%d",&m);
    }
    printf("end\n");
    return 0;
}
void fun(int m)
{
    int i,j;
```

```
    for(i=0;i<m;i++)
    {
        for(j=0;j<=i;j++)
            printf("%4d",c(i,j));
        printf("\n");
    }
}
int c(int m,int n)
{
    return f(m)/(f(n) * f(m-n));
}
int f(int n)
{
    int c,i;
    for(c=1,i=1;i<=n;i++)
        c=c*i;
    return  c;
}
```

5.3.2　VC2010 环境中的函数调用栈分析

【例 5-2】　观察程序。

在解决方案 C_study 中,建立项目 D05_02 和文件 D05_02.c,并编译连接通过。

```
#include <stdio.h>
int fun(int n)
{
    int  result;
    if (n==1)
        result=1;
    else
        result=fun(n-1) * n;
    return result;
}
int main()
{
    int  n=4;
    printf("%d",fun(n));
    return 0;
}
```

(1) 观察函数调用栈。

按 F11 键逐语句执行程序,观察到执行光标多次反复进入到 fun 函数中,在第 4 次进入 fun 时,调用堆栈窗口如图 5-3 所示。

最上面的函数表示当前程序的执行函数,下方为函数的主调函数,程序是先调用 main(),然后调用 fun(4),在 fun(4)中调用 fun(3),在 fun(3)中调用 fun(2),依此类推。继续按下 F11 键直到函数开始返回。随着函数的返回,可以发现调用栈的内容变短了,说明程序开始返回。

注意:编写递归函数时,必须要在函数中增加递归的中止条件,通常用选择结构,该结构在某种条件满足下中止递归过程,以避免函数无休止地反复调用。

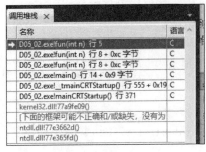

图 5-3　调用堆栈

(2)观察函数的局部变量,记录不同函数调用层次中的变量地址和值。

按下快捷键 Shift+F5 终止执行程序,并重新按下 F11 键开始单步执行。在如图 5-4 所示监视 1 窗口中添加两个变量:&result 和 &n,分别表示局部变量 result 的地址和形参 n 的地址,记录下每依次 &result 和 &n 的变化,可以发现,在每次函数调用时,形参 n 和变量 result 的地址都不尽相同。但是如果由调用函数返回到主调函数中,它们的值恢复为调用前主调函数的值。这说明函数的动态执行过程中,有自己独立的变量地址,和别的函数甚至和本函数另一次执行都互不干扰。

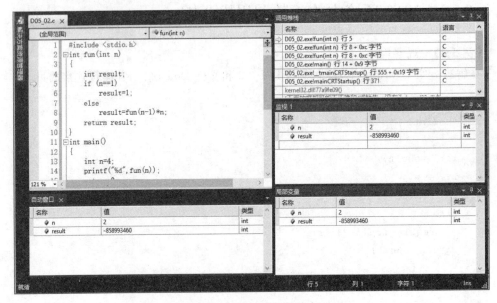

图 5-4　调试中的代码

(3)灵活使用自动窗口观察上下文

VC2010 中一个非常有用的工具窗口是自动窗口。随着执行语句不同,上下文变量也在变化。通常,上下文变量显示的是本行刚执行过的语句和下一行待执行语句中所涉及的变量。

当切换到其他执行函数时,正在执行调用的函数左边出现的是箭头 ,而箭头 表示正在执行的语句行。若是程序结构比较复杂，一时找不到当前执行代码的位置，可以通过 Debug 工具栏上的 ⇨ 按钮快速切换到正在执行的上下文。

5.4　实　践　训　练

实训 10　函数的定义与调用

一、实训目的

（1）理解函数的概念；

（2）掌握函数的定义和调用方法；

（3）学会模块化编程方法。

二、实训准备

（1）复习函数的定义和调用方法；

（2）复习 return 语句的用法；

（3）复习函数形参、实参的对应关系；

（4）复习函数的原型声明；

（5）阅读编程技能中相关技能；

（6）认真阅读以下实训内容，完成预习要求中的各项任务。

三、实训内容

以下各题的所有项目和文件都要求建立在解决方案 C_study 中。

1. 程序填空：输入整数 n，计算并输出 n 的阶乘。

部分代码如下：

```c
#include <stdio.h>
double fun(   (1)   )
{
    double   (2)   ;
    if(n<0)
        return -1;
    else
    {
        while(n>1&&n<170)
            result *=   (3)   ;
        return  result;
    }
}
```

```
int main()
{
    int n;
    scanf("%d",&n);
    printf("\n%d=%lf\n",n,fun(n));
    return 0;
}
```

预习要求：厘清程序思路，并将程序补充完整；设计并填充表 5-1 中的测试输入和预测结果。

上机要求：建立项目 P05_01 和文件 P05_01.c，调试运行程序，在表 5-1 中记录实际运行结果并分析结果。

表 5-1 题 1 测试用表

序号	测 试 输 入	测 试 说 明	预 测 结 果	实际运行结果
1		n<1		
2		1<n<170		
3		n>=170		

2. 程序改错：输入 m，用如下公式计算 y 值：

$$y = \frac{1}{100 \times 100} + \frac{1}{200 \times 200} + \frac{1}{300 \times 300} + \cdots \frac{1}{m \times m}$$

含有错误的代码如下：

```
#include <stdio.h>
int fun(int  m)
{   double  y=0;
    int   i,d;
    for(i=100,i<=m,i+=100)
    {
        d=i*i;
        y+=1/d;
    }
    return(y);
}
int main()
{
    int  m;
    scanf("%d",&m);
    printf("\nThe result is %lf\n",fun(int m));
    return 0;
}
```

预习要求：厘清程序思路，找出程序中的错误并改正；设计并填充表 5-2 中的测试输入和预测结果。

上机要求：建立项目 P05_02 和文件 P05_02.c，调试运行程序，在表 5-2 中记录实际运行结果并分析结果。

表 5-2　题 2 测试用表

序号	测 试 输 入	预 测 结 果	实际运行结果
1			

3. 编写程序：输入某年某月某日，编写 calc_day 函数判断这一天是这一年的第几天？

部分代码如下：

```c
#include<stdio.h>
int calc_day(int,int,int);
int main()
{   int year,month,day,sum_day;
    printf("input year-month-day:");
    scanf("%d-%d-%d",&year,&month,&day);
    sum_day=calc_day(year,month,day);
    printf("sum_day=%d\n",sum_day);
    return 0;
}
int calc_day(int y,int m,int d)
{


}
```

预习要求：画出函数流程图并编写程序；设计并填充表 5-3 中的测试输入和预测结果。

上机要求：建立项目 P05_03 和文件 P05_03.c，调试运行程序，在表 5-3 中记录实际运行结果并分析结果。

提示：本题可采用 switch 语句实现。

① 计算在当月（month）之前的那些月（即 1～(month-1) 的月份）共有多少天；

② 若 month＞2，还要判断是否闰年（闰年条件：年（year）能被 4 整除但不能被 100 整除，或能被 400 整除）；

③ 最后加上当日（day）的值。

表 5-3　题 3 测试用表

序号	测 试 输 入	测 试 说 明	预 测 结 果	实际运行结果
1		month＞2，闰年		

序号	测 试 输 入	测 试 说 明	预 测 结 果	实际运行结果
2		month>2,不闰年		
3		month≤2		

4. 编写程序：从键盘任意输入一个整数 n，计算并输出 $1\sim n$ 之间的所有素数之和。

要求：

（1）编写一个 fun 函数判别某数是否为素数；

（2）编写一个主函数，输入 n，调用 fun 函数找出 $1\sim n$ 之间所有素数，然后求素数和，并输出和。

预习要求：分别画出各个函数的流程图并编写相应程序；设计一组测试数据，填充表5-4 中的测试输入和预测结果。

上机要求：建立项目 P05_04 和文件 P05_04.c，调试运行程序，在表 5-4 中记录实际运行结果并分析结果。

提示：① 设计主函数，输入 n 的值，求素数和，输出计算结果；

② 设计 fun 函数，判别某数是否为素数，若是则返回1，否则返回 0；

③ 要注意 fun 函数和主函数定义的前后位置，以及相应形参和实参的一致性问题。

表 5-4　题 4 测试输入

序号	测 试 输 入	预 测 结 果	实际运行结果
1			

四、常见问题

函数定义和调用的常见问题如表 5-5 所示。

表 5-5　函数定义和调用常见问题

常见错误实例	常见错误描述	错误类型

int fun(int a,b)
{
　...
}
	在函数定义时，省略了形参表中形参 b 的类型声明。
	正确形式：
	int fun(int a,int b)
	{
	　...
	}
		语法错误

int fun(int a,int b);
{
　...
}
	定义函数时，在函数首部的行末多写了一个分号。正确形式同上	语法错误

常见错误实例	常见错误描述	错误类型
int fun(int a,int b)	在函数原型声明的末尾忘了写分号。正确形式： int fun(int a,int b);或 int fun(int ,int);	语法错误
Z＝fun(int x,int y);	函数调用的实参表示出错。正确形式： Z＝fun(x,y);	语法错误

实训 11　函数的嵌套调用和递归调用

一、实训目的

(1) 掌握函数的嵌套调用概念和方法；
(2) 掌握函数的递归调用概念和方法；
(3) 进一步巩固模块化编程方法。

二、实训准备

(1) 复习函数的定义和调用方法；
(2) 复习函数嵌套调用及执行过程；
(3) 复习函数递归调用及执行过程；
(4) 阅读编程技能中相关技能；
(5) 认真阅读以下实训内容中各题,完成预习要求中的各项任务。

三、实训内容

以下各题的所有项目和文件都要求建立在解决方案 C_study 中。

1. 程序填空：用递归方法计算斐波那契数列中第 n 项的值。

斐波那契数列的第 1、2 项为 1,从第 3 项开始,其值为前两项之和,即 1、1、2、3、5、8、13、21、…

部分代码如下：

```
#include <stdio.h>
long  fun(int  g)
{
    switch(g)
    {  case  0:return  0;
       case  1:
       case  2:  (1)  ;
    }
    return   (2)  ;
}
```

```
int main()
{
    long  fib;
    int   n;
    printf("Input  n: ");
    scanf("%d",&n);
    printf("n=%d\n", n);
    fib=  (3) ;
    printf("fib=%d\n",fib);
    return 0;
}
```

预习要求：厘清程序思路，并将程序补充完整；设计并填充表 5-6 中的测试输入和预测结果。

上机要求：建立项目 P05_05 和文件 P05_05.c，调试运行程序，在表 5-6 中记录实际运行结果并分析结果。

表 5-6 题 1 测试用表

序号	测 试 输 入	预 测 结 果	实际运行结果
1			

2. 程序改错：求三个数的最小公倍数。

含有错误的代码如下：

```
#include  <stdio.h>
int f_max(int x,int y)              /*求最大值*/
{   return x>y?x:y;
}
int lease_c_m(int x,int y,int z)    /*求最小公倍数*/
{   int max,lcm,i;
    f_max(f_max(x,y),z);
    while(1)
    {   lcm=max*i;
        if(lcm%x==0||lcm%y==0||lcm%z==0)  return lcm;
        i=i+1;
    }
}
int main()
{   int x,y,z;
    printf("Input 3 number:");
    scanf("%d%d%d",&x,&y,&z);
    printf("lease common multiple:%d\n",lease_c_m(x,y,z));
    return 0;
}
```

预习要求：厘清程序思路，找出程序中的错误并改正；设计并填充表 5-7 中的测试输入和预测结果。

上机要求：建立项目 P05_06 和文件 P05_06.c，调试运行程序，在表 5-7 中记录实际运行结果并分析结果。

表 5-7 题 2 测试用表

序号	测 试 输 入	预 测 结 果	实际运行结果
1			

3. 编写程序：从键盘输入一个正整数 m，若 m 不是素数，则输出其所有的因子（不包括 1 和自身），否则输出其为素数信息。例如输入 $m=8$，输出 2、4；再如输入 $m=7$，输出 7 is a prime number。

按以下功能要求编写 fun1 函数和 fun2 函数：

(1) fun1 函数功能：判别 m 是否为素数，若不是素数，则调用 fun2 函数，否则输出其为素数信息；

(2) fun2 函数功能：输出 m 不是素数时的所有因子（不包括 1 和自身）。

部分代码如下：

```
#include <stdio.h>
#include <math.h>
void fun2(int m)
{

}
void fun1(int m)
{



}
int main()
{   int n;
    scanf("%d",&n);
    fun1(n);
    return 0;
}
```

预习要求：画出 fun1 和 fun2 函数流程图并编写程序；设计并填充表 5-8 中的测试输入和预测结果。

上机要求：建立项目 P05_07 和文件 P05_07.c，调试运行程序，在表 5-8 中记录实际运行结果并分析结果。

提示：① 设计 fun1 函数，先判别 m 是否为素数，若是素数则按要求输出，否则调用 fun2 函数；

② 设计 fun2 函数,找出 m 的所有因子时可取 2~m/2 范围的数进行判断;

③ 要注意 3 个函数的调用关系,以及相应形参和实参的一致性问题。

表 5-8　题 3 测试用表

序号	测 试 输 入	测 试 说 明	预 测 结 果	实 际 运 行 结 果
1		为素数		
2		为非素数		

4. 编写程序:编写一个小学四则运算测试程序,主要功能如下。

(1) 出题:随机产生四则运算符(＋、一、＊、/),以及随机产生两个 1~9 之间的正整数作为运算量,在屏幕上输出算式,例如:4＋0＝?。

(2) 答题。学生回答问题,然后检查学生输入的答案是否正确。若正确,则输出正确和统计的答题次数;否则,提示答错并要求重做,统计答题次数。如此反复,直到答对为止。

程序运行界面如图 5-5 所示。

编程要求:

(1) 编写 fun1 函数实现出题和计算正确答案功能;

(2) 编写 fun2 函数实现答题功能;

(3) 编写主函数,先调用 fun1 函数,再调用 fun2 函数完成程序功能。

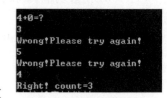

图 5-5　题 4 运行界面

预习要求:画出 fun1 和 fun2 函数流程图并编写程序;设计 4 组测试数据,填充表 5-9 中的测试输入和预测结果。

上机要求:建立项目 P05_08 和文件 P05_08.c,调试运行程序,在表 5-9 中记录实际运行结果并分析结果。

提示:

(1) fun1 函数设计:

① 随机产生一个运算符和两个运算量,可参看主教材例 4-4 猜数游戏。其中,运算符 '＋'的 ASCII 码值为 43,'一'的 ASCII 码值为 45,'＊'的 ASCII 码值为 42,'/'的 ASCII 码值为 47;

② 验证是否为合法算式(如被减数要大于减数,除数不能为 0 且被除数要能整除除数),然后计算结果;

③ 输出算式。

(2) fun2 函数设计:可参看主教材例 4-4 猜数游戏。首先用户输入计算结果,然后与 fun1 算出的结果比较;若不同,则重新输入,直到正确为止。

表 5-9　题 4 测试用表

序号	测试输入	测试说明	预测结果	实际运行结果
1		加法		

序号	测试输入	测试说明	预测结果	实际运行结果
2		减法		
3		乘法		
4		除法		

四、常见问题

函数嵌套调用和递归调用的常见问题如表 5-10 所示。

表 5-10　函数嵌套调用和递归调用常见问题

常见错误实例	常见错误描述	错误类型

void fun(int a,int b)
{
　return a＋b;
}
	在类型为 void 的函数中试图返回一个值	警告

void fun(int a,int b)
{
　int a,b;
　…
}
	对形参变量重复定义了。正确形式：
	void fun(int a,int b)
	{
	　…
	}
		语法错误

int fun1(int a)
{
　int fun2(int b)
　{…}
　…
}
	函数不能嵌套定义。正确形式：
	int fun1(int a)
	{ … }
	int fun2(int b)
	{ … }
		语法错误

int fun(int n) { … 　fun＝fun(n-1) ＊ 2; 　… 　return fun; }	不能给函数名赋值。正确形式： int fun(int n) { … 　r＝fun(n-1) ＊ 2; 　… 　return r; }	语法错误

练 习 5

完成以下课后练习时,各题的所有项目和文件都建立在解决方案 C_study 中。

1. 程序填空(项目名 E05_01,文件名 E05_01.c):用二分法求方程 $2x^3-4x^2+3x-6=0$ 在区间 $[-100,90]$ 上的一个根,要求绝对误差不超过 0.001。

部分代码如下:

```
#include <stdio.h>
float f(float  x)
{
    return(2*x*x*x-4*x*x+3*x-6);
}
int main( )
{   float  m=-100,n=90,r;
    r=(m+n)/2;
    while(f(r)*f(n)!=0)
    {   if(  (1)  ) m=r;
        else  n=r;
        if(  (2)  ) break;
          (3)  ;
    }
    printf("The fang cheng jie is %6.3f\n",r);
    return 0;
}
```

2. 程序填空(项目名 E05_02,文件名 E05_02.c):推算学生年龄。有 10 名学生,已知最小者年龄为 10 岁,其余学生的年龄一个比一个大两岁,求最大者年龄。

部分代码如下:

```
#include <stdio.h>
int age(int n)
{   int c;
    if(  (1)  ) c=10;
    else c=  (2)  ;
    return(c);
}
int main()
{   int n;
    scanf("%d",&n);
    printf("age:%d\n",  (3)  );
    return 0;
}
```

3. 程序填空(项目名 E05_03,文件名 E05_03.c):输入 n 值,输出高度为 n 的等腰三角形图形。例如,当 $n=4$ 时的图形如图 5-6 所示。

部分代码如下:

```
#include <stdio.h>
void prt( char c,int n)
{   if(n>0)
    {   printf("%c",c);
            (1)   ;
    }
}
int main()
{   int i,n;
    scanf("%d",&n);
    for(i=1;i<=n;i++)
    {   (2)   ;
        (3)   ;
        printf("\n");
    }
    return 0;
}
```

```
       *
      ***
     *****
    *******
```
图 5-6　题 3 输出

4. 编写程序(项目名 E05_04,文件名 E05_04.c):已知计算正弦 $\sin(x)$ 近似值的多项式如下,要求先编写一个函数依照下式计算 $\sin(x)$ 的近似值;再编写主函数,输入 x 和 ε(给定误差),然后调用该函数计算结果。

$$\sin(x) = x - \frac{x^3}{3!} + \frac{x^5}{5!} - \frac{x^7}{7!} + \cdots + (-1)^n \frac{x^{2n+1}}{(2n+1)!} + \cdots$$

5. 编写程序(项目名 E05_05,文件名 E05_05.c):统计出一元人民币兑换成 1 分、2 分和 5 分硬币的不同兑换方案有多少种。

要求编写一个函数统计出一元人民币兑换成 1 分、2 分和 5 分硬币的不同兑换方案有多少种;再编写主函数调用该函数并输出统计结果。

6. 编写程序(项目名 E05_06,文件名 E05_06.c):找出 200 以内的所有完全平方数并统计其和值。

所谓完全平方数是指一个数若是另一个数的完全平方,则这个数就称为完全平方数。例如:0、1、4、9、16…

要求编写一个函数判别某数是否是完全平方数;再编写主函数调用该函数输出 200 以内的所有完全平方数及其和值。

7. 编写程序(项目名 E05_07,文件名 E05_07.c):用以下的简单迭代公式求方程 $\cos(x)-x=0$ 的一个实根,要求绝对误差不超过 10^{-6}。

$$x_{n+1} = \cos(x_n)$$

要求编写一个函数用迭代公式求根;再编写主函数输入一个迭代初始值,然后调用该函数求根并输出。

8. 编写程序(项目名 E05_08,文件名 E05_08.c):求解爱因斯坦数学题。

爱因斯坦数学题为有一条长阶梯,若每步跨 2 阶,则最后剩余 1 阶;若每步跨 3 阶,则最后剩 2 阶;若每步跨 5 阶,则最后剩 4 阶;若每步跨 6 阶,则最后剩 5 阶;若每步跨 7 阶,最后一阶不剩。

要求编写一个函数求这条阶梯共有多少阶;再编写主函数调用该函数并输出结果。

9. 编写程序(项目名 E05_09,文件名 E05_09.c):一辆卡车违犯交通规则并撞人逃跑。现场有三人目击事件,但都没记住完整车牌号,只记住车牌号的一些线索。甲说:牌照的前两位数字是相同的;乙说:牌照的后两位数字是相同的;丙是位数学家,他说:四位的车号刚好是一个整数的平方。请根据以上线索找出肇事的车牌号。

要求编写一个函数找出肇事的车牌号;再编写主函数调用该函数并输出结果。

10. 编写程序(项目名 E05_10,文件名 E05_10.c):找出 1000! 后有多少个零。

要求编写一个函数找出 1000! 后有多少个零;再编写主函数调用该函数并输出结果。

11. 编写程序(项目名 E05_11,文件名 E05_11.c):哥德巴赫猜想问题:任何一个大于 6 的偶数都可以表示成两个素数之和。

要求编写函数证明该猜想,再编写主函数调用该函数。

12. 编写程序(项目名 E05_12,文件名 E05_12.c):输入 n 值,输出如图 5-7 所示图形($n=5$ 时的 N 形)。

要求编写函数打印图形;再编写主函数输入 n 并调用该函数。

```
*       *
* *     *
*   *   *
*     * *
*       *
```

图 5-7 题 12 输出

第6章

数　　组

6.1　知识点梳理

1. 数组的定义和引用

数组是按下标顺序排列的一组相同类型数据的集合,集合的名字称为**数组名**,数据在集合中的排列序号称为**下标**,集合中的数据称为**数组元素**或**下标变量**。

数组必须先定义后使用。数组定义形式:

类型 数组名 1[长度],数组名 2[行长度][列长度],…

引用数组元素时,下标从 0 开始。数组引用形式:

数组名[下标]　　或　　数组名[行下标][列下标]

例如:

(1) int a[5];

定义了一个长度为 5 的一维整型数组 a,数组元素分别是 a[0]、a[1]、a[2]、a[3]、a[4]。

(2) float b[2][3];

定义了一个两行三列的二维实型数组 b,数组元素分别是 b[0][0]、b[0][1]、b[0][2]、b[1][0]、b[1][1]、b[1][2]。

(3) char c1[10],c2[3][20];

定义了一个一维字符数组 c1 和一个二维字符数组 c2,数组元素分别是 c1[0]~c1[9]和 c2[0][0]~c2[2][19]。

2. 数组的初始化

如果在定义数组时已知数组元素的值,可对数组进行初始化操作。

例如:

(1) int a[5]={1,2,3,4,5};　　或　　int a[]={1,2,3,4,5};

定义一维数组 a 并对所有元素初始化,即使 a[0]=1,a[1]=2,a[2]=3,a[3]=4,

a[4]＝5。

(2) int a[5]＝{1,2,3};

定义一维数组 a 并对部分元素初始化,即使 a[0]＝1,a[1]＝2,a[2]＝3,而 a[3]、a[4]默认值为 0。

(3) float b[2][3]＝{{1,2,3},{4,5,6}};　或　int b[][3]＝{{1,2,3},{4,5,6}};

定义二维数组 b 并按行初始化,即使 b[0][0]＝1,b[0][1]＝2,b[0][2]＝3,b[1][0]＝4,b[1][1]＝5,b[1][2]＝6。

(4) float b[2][3]＝{{1,2},{3}};　或　float b[][3]＝{{1,2},{3}};

定义二维数组 b 并按行对部分元素初始化,即使 b[0][0]＝1,b[0][1]＝2, b[1][0]＝3,而 b[0][2],b[1][1],b[1][2]默认值为 0。

(5) float b[2][3]＝{1,2,3,4};　或　float b[][3]＝{1,2,3,4};

定义二维数组 b 并按数组在内存中的存储顺序对部分元素初始化,即使 b[0][0]＝1,b[0][1]＝2,b[0][2]＝3,b[1][0]＝4,而 b[1][1]和 b[1][2]默认值为 0。

(6) char c1[10]＝"hello";

定义字符数组 c1 并初始化,即 c1[0]＝'h',c1[1]＝'e',c1[2]＝'l',c1[3]＝'l',c1[4]＝'o',而 c1[5]~c1[9],默认值为'\0'。

3. 数组的输入输出处理

对数值型数组的输入输出处理需要用循环结构遍历数组各元素。例如:

(1) int a[6];

输入数组各元素值可用以下循环,其中,循环变量 i 也代表了数组元素的下标:

```
for(i=0;i<6;i++)
    scanf("%d",&a[i]);
```

(2) float b[2][3];

输出数组各元素值可用以下循环,其中,循环变量 i 代表了数组元素的行下标,循环变量 j 代表了数组元素的列下标:

```
for(i=0;i<2;i++)
  foe(j=0;j<3;j++)
    printf("%f",b[i][j]);
```

以上是把行下标作为外循环,即按行顺序输入数组元素值。若把列下标作为外循环,则按列顺序依次输入数组元素值。由于按行输入方式与二维数组存储形式一致,故一般采用行下标作为外循环方法。

字符数组常用于存储和处理字符串,一般一维字符数组可存储和处理一个字符串,二维字符数组可存储和处理多个字符串。对字符数组的输入输出可有多种处理方法。

例如:

(1) char c1[10];

输入数组的值,可用以下 3 种方式:

① scanf("％s",c1);　　　　　　　　　　　输入时以空格或回车符结束

② gets(c1);　　　　　　　　　　　　　　输入时以回车符结束

③ for(i=0;((cl[i]=getchar())! =′\n′;i++);　　输入时以回车符结束

(2) char c2[3][20];

输出数组的值,可用以下 3 种方式:

① for(i=0;i<3;i++)

　　printf("％s",c2[i]);　　　　　　　输出时系统以找到第一个\0结束

② for(i=0;i<3;i++)

　　puts(c2[i]);　　　　　　　　　　　输出时系统以找到第一个\0结束

③ for(i=0;i<3;i++)

　　for(j=0;c2[i][j]! =′\0′;j++)

　　　printf("％c",c2[i][j]);

4. 常用字符串处理函数

(1) 字符串连接函数 strcat。

调用形式:

strcat(字符数组 1,字符数组 2)

功能:把字符数组 2 中的字符串连接到字符数组 1 中原字符串的后面(即从原字符串后的第一个字符串结束标志′\0′处开始连接),构成一个新的字符串。函数返回值是字符数组 1 的首地址。

(2) 字符串拷贝函数 strcpy。

调用形式:

strcpy(字符数组 1,字符数组 2)

功能:把字符数组 2 中的字符串复制到字符数组 1 中。

注意:字符数组 2 中的字符串结束标志′\0′也一同复制。字符数组 2 也可以是一个字符串常量,这相当于把一个字符串赋给一个字符数组。

(3) 字符串比较函数 strcmp。

调用形式:

strcmp(字符串 1,字符串 2)

功能:比较两个字符串的大小,并由函数返回值返回比较结果。结果分为如下 3 种情况。

① 字符串 1=字符串 2,返回值为 0;

② 字符串 1>字符串 2,返回值为一个正整数;

③ 字符串 1<字符串 2,返回值为一个负整数。

(4) 求字符串长度函数 strlen。

调用形式:

```
strlen(字符串)
```

功能：求字符串的实际长度（即从字符串开始位置到第一个字符串结束标志'\0'处所包含的字符个数，不含字符串结束标志'\0'），并作为函数返回值。

5. 数组的应用

数组的概念并不复杂，但在解决实际问题中的应用非常广泛，尤其对于一些复杂的批量数据，通过应用数组处理可简化编程。为了灵活掌握数组的应用，除了要理解数组的基本概念外，更重要的是要掌握应用数组的编程方法，尤其是一些常用算法，要能正确理解并举一反三。

（1）一维数组应用常用算法。

求均值、最大或最小值、顺序查找、折半查找、选择排序、冒泡排序、数组元素的删除等。

（2）二维数组应用常用算法。

矩阵的运算、一些特殊矩阵的计算、二维表格形式的数据统计等。

（3）字符数组应用常用算法。

字符串的处理。

6.2 案例应用与拓展——应用数组处理数据

对学生成绩管理程序而言，由于是对大批量的学生成绩信息进行管理，因此，应用数组处理可使编程方法更简便，程序功能更强。

在学习了数组之后，可以定义一个 score 数组来存储学生的成绩，一个 name 数组存储学生姓名。应用数组后，各函数的功能拓展如下：

（1）main 函数：显示主菜单，并根据用户选择调用相应函数；

（2）input 函数：输入学生姓名和成绩。具体方法是先输入学生实际人数，再输入学生的姓名和成绩并保存到数组中，然后将输入的数据带回 main 函数；

（3）del 函数：删除学生姓名和成绩。具体方法是先输入一个要删除的学生姓名，然后在数组中查找该项，若找到，则删除；否则，显示找不到；

（4）find 函数：查找学生姓名和成绩。具体方法是先输入一个要查找的学生姓名，然后在数组中查找，若找到，则显示该项；否则，显示找不到；

（5）sort 函数：学生成绩排序。具体采用冒泡排序方法对保存成绩的数组中值按从大到小排序；

（6）display 函数：显示学生姓名和成绩。

至此，一个真正有实效的应用系统架构就基本搭成了。

1. 应用数组处理学生成绩管理程序中数据

请认真阅读并分析以下程序，然后在解决方案 C_study 中，建立项目 W06_01 和文件

W06_01.c,调试运行程序并观察运行结果。

```c
#include <stdio.h>
#include <stdlib.h>
#include <string.h>
#define   SIZE   80
int input(float a[],char name[][20])              /*输入*/
{
  int i,n;
  system("cls");                                  /*清屏*/
  printf("\n请输入学生人数(1-80):");
  scanf("%d",&n);
  printf("\n请输入学生姓名和成绩:\n");
  for(i=0;i<n;i++)
    scanf("%s%f",name[i],&a[i]);
  system("pause");
  return n;
}


int del(float a[],char name[][20],int n)          /*删除*/
{
  int   i,j,k=0;
  char na[20];
  system("cls");                                  /*清屏*/
  printf("\n请输入要删除的姓名:");
  scanf("%s",na);
  for(i=0;i<n;i++)
    if(strcmp(na,name[i])==0)                      /*查找*/
    { k=1;
      for(j=i;j<n-1;j++)                           /*删除*/
      { strcpy(name[j],name[j+1]);
        a[j]=a[j+1];
      }
    n--;
    break;
    }
    if(!k)
      printf("找不到要删除的成绩!\n");
    system("pause");
return n;
}


void find(float a[],char name[][20],int n)         /*查找*/
{
```

```
    int   i,k=0;
    char na[20];
    system("cls");                                          /*清屏*/
    printf("\n请输人要查询的姓名:");
    scanf("%s",na);
    for(i=0;i<n;i++)
      if(strcmp(na,name[i])==0)                             /*查找*/
      { k=1;
        printf(" 已找到,是第%d项,值为 %s %f\n",i,name[i],a[i]);
        break;
      }
    if(!k)
      printf("找不到!\n");
    system("pause");
}


void sort(float a[],char name[][20],int n)        /*排序*/
{ int i,j;
  float t;
  char na[20];
  for(i=0;i<n-1;i++)
    for(j=0;j<n-i-1;j++)
      if(a[j]<a[j+1])
      { t=a[j];a[j]=a[j+1];a[j+1]=t;
        strcpy(na,name[j]);
        strcpy(name[j],name[j+1]);
        strcpy(name[j+1],na);
      }
    printf("\n输出排序结果:\n");
    for(i=0;i<n;i++)
      printf("%10s%5.1f\n",name[i],a[i]);
    printf("\n");
    system("pause");
}
void display(float a[],char name[][20],int n)    /*显示*/
{ int i;
  for(i=0;i<n;i++)
    printf("%10s%5.1f\n",name[i],a[i]);
  printf("\n");
  system("pause");
}
void menu()
{
  system("cls");                                          /*清屏*/
```

```c
    printf("\n\n\n\t\t\t     欢迎使用学生成绩管理系统\n\n\n");
    printf("\t\t\t *****************************\n");
    printf("\t\t\t *           主菜单           * \n");        /* 主菜单 */
    printf("\t\t\t *****************************\n\n\n");
    printf("\t\t       1   成绩输入       2   成绩删除\n\n");
    printf("\t\t       3   成绩查询       4   成绩排序\n\n");
    printf("\t\t       5   显示成绩       6   退出系统\n\n");
    printf("\t\t         请选择[1/2/3/4/5/6]: ");
}
int main()
{
  int j,num;
  float score[SIZE];
  char name[SIZE][20];
  while(1)
  { menu();
    scanf("%d",&j);
    switch(j)
    {
      case  1:   num=input(score,name); break;
      case  2:   num=del(score,name,num); break;
      case  3:   find(score,name,num); break;
      case  4:   sort(score,name,num); break;
      case  5:   display(score,name,num); break;
      case  6:   exit(0);
    }
  }
  return 0;
}
```

2. 拓展练习

仿照 1 设计并实现通讯录管理程序,要求应用模块化设计方法并应用数组处理通讯录中相关数据,程序主要菜单和各项功能要求如下所示:

```
*****************************
*         1---通讯录信息输入    *
*         2---通讯录信息删除    *
*         3---通讯录信息查询    *
*         4---通讯录信息排序    *
*         0---退出             *
*****************************
         请输入你的选择(0---4):
```

(1) 通讯录信息输入:输入通讯录管理程序中的相关数据;

（2）通讯录信息删除：根据输入的主要信息，查找并删除通讯录中对应记录；

（3）通讯录信息查找：根据输入的主要信息，查找并显示通讯录中对应记录；

（4）通讯录信息排序：对通讯录中数据按要求排序并输出。

在解决方案 C_study 中，建立项目 W06_02 和文件 W06_02.c，调试运行程序并观察运行结果。

6.3　编　程　技　能

6.3.1　输入输出的机理

在第 2 章已经介绍了 getchar 函数，该函数能够从键盘（更准确的说法是终端）输入一个字符。也可以使用 scanf 函数的 %c 格式从终端输入字符。

C 程序在执行的时候会开辟一段内存空间，称为输入缓冲区。程序刚执行的时候，操作系统将自动清空输入缓冲区。程序遇到输入语句时，首先检查输入缓冲区，如果输入缓冲区中有可以使用的数据，就从缓冲区中读取数据，如果缓冲区的数据用完，则向终端请求输入。在输入的时候，直到用户输入回车才返回到前面的输入语句继续读取数据。

1. getchar 的行为

【例 6-1】　以下程序从键盘输入两个字符赋给指定的字符变量，然后依次输出两个字符变量的 ASCII 码和字符本身。用户希望两个字符变量分别得到 a 和 b 两个字符，但是使用不同的输入方法会得到不同的结果。

在解决方案 C_study 中，建立项目 D06_01 和文件 D06_01.c，调试运行程序。

```
#include <stdio.h>
int main() {
    char ch1,ch2;
    ch1=getchar();
    ch2=getchar();
    printf("ch1=%d,%c\nch2=%d,%c",ch1,ch1,ch2,ch2);
    return 0;
}
```

图 6-1 从左向右所示为 4 种不同的输入方法和对应的输出结果：
- 第一种输入（图 6-1(a)）　用户希望每行输入一个字符 a 和 b，因此先输入字符 a，回车后再准备输入字符 b，但是程序在用户输入字符 b 前就结束了；
- 第二种输入（图 6-1(b)）　用户希望在同一行上输入 ab，在 ab 之间使用了空格分隔；
- 第三种输入（图 6-1(c)）　用户连续输入 ab 后回车；
- 第四种输入（图 6-1(d)）　用户在输入字符前输入了两次回车符。

图 6-1　不同的输入方法导致不同的运行结果

分析以上情况：

- 第一种输入在缓冲区内生成 97 和 10 两个值（其中 97 是 a 的 ASCII 码，10 是换行的 ASCII 码，当用户按下回车键时，本行输入终止。后面不再赘述）。因此 ch1 获得了字符 a，ch2 获得了换行符，在输出时，可以观察到 ch2 这一行后面有个空行。在两个字符输入完成后，程序继续向下执行，由于不再有任何需要输入的语句，用户没有机会输入剩余的字符 b。

- 第二种输入在缓冲区内生成 97、32、98 和 10 共 4 个值（a、空格、b 和回车），两个 getchar 分别读取了前面两个值。在输出时，可以观察到 ch2 这一行后面有个隐含的空格。

- 第三种输入在缓冲区内生成了 97、98 和 10 共 3 个值，两个 getchar 读取了前面两个值。此时可以正常地输出 a 和 b 两个字符。注意到回车符留在了缓冲区内。但是程序不再有输入语句，因此对程序的正确执行不产生影响。

- 第四种输入比较特殊，第一次直接输入回车符，在输入缓冲区内只产生了一个值（10），赋给了第一个 getchar，在第二个 getchar 执行时，缓冲区内已经没有值了，因此还必须请求终端输入内容。用户可以在第二行继续输入。这里用户又输入了回车符，缓冲区再次获得新的值（10），并赋给了第二个 getchar。所以最终输出是两个换行符。

2. 使用 scanf 输入数值

白空格（white space）是用来分隔数据的特殊字符，通常白空格是指空格（space）、制表符（\t）和换行符（\n）。scanf 在使用格式符读取数值数据时，会忽略前面的白空格。scanf 的返回值指明了有多少格式符被成功匹配。

【例 6-2】 以下程序从终端输入 3 个值，然后将它们回显在屏幕上。程序同时统计输入有效，即匹配成功的格式符个数。

在解决方案 C_study 中，建立项目 D06_02 和文件 D06_02.c，调试运行程序。

```
#include <stdio.h>
int main() {
    int a,b,c,n;
    n=scanf("%d%d%d",&a,&b,&c);
    printf("n=%d\na=%d\tb=%d\tc=%d\n",n,a,b,c);
    return 0;
}
```

使用不同的数据进行测试。图 6-2 从左向右所示为 3 种不同的输入和输出结果：

- 第一种(图 6-2(a)) 直接输入 3 个整数 1、2、3,以空格分隔,在输入缓冲区内生成 ASCII 码为 49、32、50、32、51、10 这样一组内容。scanf 在遇到第一个%d 的时候,从第一个字符'1'开始解析为整数,直到遇到第一个不能被解析为整数的字符,即空格符,解析结果给了第一个地址,空格本身仍被放回缓冲区;然后从空格开始继续向下解析,由于第二个格式符仍为%d 是解析数值,因此该空格被忽略,直到遇到字符'2'开始解析数值。如此类推,直到完整解析所有的格式符。
- 第二种(图 6-2(b)) 首先输入了两个整数 1、2,以空格分隔,scanf 在解析到第三个%d 的时候缓冲区内已经没有值了,因此向用户请求继续输入。
- 第三种(图 6-2(c)) 解释了当输入缓冲区内的格式与 scanf 的格式不匹配的时候,scanf 将会发生故障的原因。在缓冲区内有 49、44、50、44、51、10 这样一些值(ASCII 码),scanf 遇到第一个%d 的时候可以解析到数字 1,并且赋给变量 a。下一个待解析的 ASCII 码是逗号,但是 scanf 的格式中对应的是%d,要求获得数字的 ASCII 码,所以此处发生了错误,直接退出了 scanf,后继的 b 和 c 都没有被成功赋值。scanf 函数的返回值返回了成功被解析的占位符的个数 1。

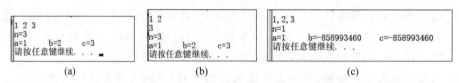

图 6-2 输入数据内容必须严格按照格式串来输入

3. 在 scanf 中混合使用数字输入和字符输入

scanf 中混合使用数值输入和字符输入会使情况变得更加复杂,必须仔细设置格式符。

【例 6-3】 以下程序用户希望输入变量 a 的值为 23,ch1 的值为 A。使用不同的输入方式和不同的格式符进行测试。

在解决方案 C_study 中,建立项目 D06_03 和文件 D06_03.c,调试运行程序。

```
#include <stdio.h>
int main()
{
    char ch1;
    int a;
    scanf("%d%c",&a,&ch1);
    printf("a=%d,ch1=%d,%c\n",a,ch1,ch1);
    return 0;
}
```

图 6-3 从左向右、自上而下所示为 4 种不同的输入和输出结果:
- 第一种(图 6-3(a)) 期望先输入 23,按回车后再输入字符 A;
- 第二种(图 6-3(b)) 先输入 23,用空格分隔后再输入 A;

- 第三种(图 6-3(c))　使用逗号分隔 23 和 A;
- 第四种(图 6-3(d))　将 23 和 A 连在一起输入。

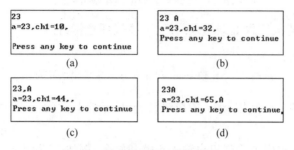

图 6-3　混合数据输入和字符输入

如果希望给字符 ch1 输入字符'1'怎么办呢? 如果还是按照上面的程序,就会出现问题: 如果直接输入 231 会导致 231 全部解析给 a 而将后面的回车符解析给 ch1;如果输入 23 后面跟任何其他字符,又会将这些多余的字符赋给 ch1。这样对程序输入造成了困扰。所以程序设计中应该尽量避免这样的设计。如果遇到这样的输入要求,可以考虑以下几种思路:

- 调换输入次序,先输入字符,后输入数值;
- 使用宽度附加格式符,如%2d。这样强制用户只能输入两位整数,不足两位补空;
- 使用 flashall 函数。flashall 函数强制清除缓冲区内的所有剩余内容,这样下一个输入函数就不得不请求用户的再次输入,从而避免受输入缓冲区内剩余数据的干扰。

4. scanf 中的%s 格式符与 gets 函数

scanf 的%s 格式符可以从输入缓冲区中连续读取字符,直到读取到白空格为止。白空格是指空格、制表符('\t')或换行符('\n')。但是 scanf 的%s 格式符并不从缓冲区中取走白空格。而如果需要读入可能带空格的字符串,则应该使用 gets 函数。另外由于%s 格式忽略空格和制表符,因此如果可能会输入一个长度为 0 的字符串,即字符串的第一个字符即为'\0'。使用 scanf 是无法输入的,只能采用 gets 函数。

【例 6-4】　分别使用 scanf 和 gets 输入字符串"hello world"。

在解决方案 C_study 中,建立项目 D06_04 和文件 D06_04.c,调试运行程序并观察结果。

```
#include <stdio.h>
int main(){
    char s[20];
    scanf("%s",s);
    printf("%s\n",s);
    return 0;
}
```

以上程序运行结果如图 6-4(a)所示。将程序中 scanf("%s",s);语句替换成 gets(s);再次运行,并同样输入 hello world,观察结果,如图 6-4(b)所示。

图 6-4　比较 scanf 和 gets 输入字符串的异同

类似于 scanf 的%c,使用 gets 还应该注意不要被上次的 scanf 所剩下的回车符所影响。

【例 6-5】　以下程序中希望用户输入年龄和姓名,例如 23 和 Jim。

在解决方案 C_study 中,建立项目 D06_05 和文件 D06_05.c,调试运行程序并观察结果。

```c
#include <stdio.h>
int main(){
    char name[20];
    int age;
    scanf("%d",&age);
    gets(name);
    printf("%d\n%s\n",age,name);
    return 0;
}
```

程序和输入输出情况如图 6-5(a)所示。用户输入 23 后,按了回车键,但尚未输入 Jim 程序就结束了。这是因为输入 23 后,在缓冲区内保有字符 23 和换行字符**3 个字符**,scanf 读走 23,遇到换行结束了匹配,但是换行符本身还留在了缓冲区内,于是其后的 gets 便读取了一个空行。第二行的 23 是 printf 的反馈输出,而 23 与程序结束提示之间的空行就是 name 的输出结果。

可以通过改变用户输入方式的方法来解决这个问题。用户不要分为两行,而是直接一行输入 23Jim,程序即可得到正确结果。如图 6-5(b)所示,在 23 和 Jim 中没有其他字符,scanf 扫描到 23 后遇到 J 字符就结束了,但是 J 留在了缓冲区中,这样 gets 可以正确得到 Jim 字符串。

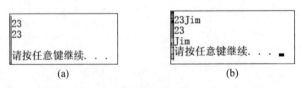

图 6-5　scanf 完成后残留的换行会被 gets 读取

上述将年龄和姓名紧挨着输入的方法,并不是一个理想的解决方案。大多数场合,程序需要迎合用户的输入习惯。若是用户习惯于一行年龄,一行姓名这样的输入方式,程序就得做出相应调整。一种解决方案是在 scanf 扫描完毕数据后,将缓冲区内剩余内容(有

可能不仅仅是一个回车符)清除,以便于用户进行下一行的文本输入。为此,在程序中
scanf 函数后添加 flushall()函数,该函数能够清空缓冲区所有内容。

【例 6-6】 用 flushall()函数清空缓冲区。

在解决方案 C_study 中,建立项目 D06_06 和文件 D06_06.c,调试运行程序并观察
结果。

```
#include <stdio.h>
int main()
{
    char name[20];
    int age;
    scanf("%d",&age);
    flushall();
    gets(name);
    printf("%d\n%s\n",age,name);
    return 0;
}
```

```
123
ABC
123
ABC
请按任意键继续. . .
```

运行结果如图 6-6 所示。　　　　　　　　图 6-6　插入 flushall 函数以清空缓冲区

6.3.2　数组的调试和结构化调试

在第 4 章的编程技能学习中,已经知道了通过单步执行的方式如何在程序执行过程
中动态地观察相关变量的变化。但是在较为复杂的程序设计中,使用单步调试的方法可
能需要花费较长的时间。

【例 6-7】 输入 10 个数,将这 10 个数依照由小到大顺序排序。

本例需要使用数组来存放输入的 10 个数,然后对这 10 个数进行排序,最后要将这
10 个数输出。

在解决方案 C_study 中,建立项目 D06_07 和文件 D06_07.c,调试运行程序并解决所
有的错误。

```
#include <stdio.h>
int main()
{
    int i,j,k,a[10];
    for(i=1;i<=10;i++)
        scanf("%d",a[i]);
    for(i=1;i<=10;i++)
        for(j=1;j<=10-i;j++)
            if(a[j]>a[j+1])
            {
                k=a[j];
                a[j]=a[j+1];
```

```
                  a[j+1]=k;
            }
      printf("result:");
      for(i=1;i<=10;i++)
          printf("%d\t",a[i]);
      return 0;
}
```

这个程序是没有经过调试的,包含有各种各样的错误。当输入以下 10 个数的时候,发生了错误或者异常,程序等待一段时间后就结束了,看不到任何输出,甚至连应有的 result 都没有出现,如图 6-7 所示。

注意:在不同的系统环境中,其异常表现也各有不同。

如果使用单步调试进入程序,那么在开始阶段需要按 10 次 F10 键来完成输入,然后在排序阶段又将按 $(n-1)*(n-2)$ 次 F10 键(这里的 $n=9$)来调试,可以想象,这样的调试工作非常浪费时间,而且程序员在花费大量的时间去观察每次雷同的结果的时候,极容易导致注意力分散,使调试失败。

```
1 3 2 5 4 9 0 8 7 6
请按任意键继续. . . ■
```

图 6-7 程序运行异常

程序员在设计程序的时候,应该考虑到自己的这个程序也许包含着各种各样的错误,因此,如果在设计阶段有清晰的思路,那么在调试阶段就能够有的放矢,既减少了编程的混乱,也减轻调试的负担。

下面重新研究这个简单的排序题。以前已经有了最基本的思路,先输入,再排序,最后将整个数组输出。用图 6-8 来表示顺序排序的流程图及说明。

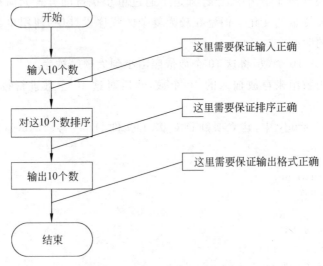

图 6-8 排序程序的流程图

对应图 6-8 中各部分的代码如图 6-9 所示,在指定处分别按 F9 键添加断点。

由图 6-9 可以看出,与其使用单步调试将整个程序执行的流程都扫描一遍,不如在关键地方检测程序当前执行是否正确。这样只需要在关键地方注意检查程序的状态,就可以很快定位错误发生的地点。这种技术需要在关键程序段暂停程序的执行,大多数 C 语

```
D07_07.c ×
(全局范围)
    #include <stdio.h>
□int main()
 {
        int i, j, k, a[10];
        for(i=1;i<=10;i++)
            scanf("%d", a[i]);
●       for(i=1;i<=10;i++)
            for(j=1;j<=10-i;j++)
                if(a[j]>a[j+1])
                {
                    k=a[j];
                    a[j]=a[j+1];
                    a[j+1]=k;
                }
        printf("result:");
●       for(i=1;i<=10;i++)
            printf("%d\t", a[i]);
        return 0;
 }
```

图 6-9　向代码中添加断点

言的集成开发环境(IDE)都提供了这种叫作"**断点**"的功能。在 VC2010 的大多数版本中都使用快捷键 F9 在光标所在位置设置或者取消断点。

在图 6-9 中关键地方设置断点的操作方法：首先，在输入结束的位置上设置断点，将光标移动到排序的第一行位置，将光标定位在输入结束后的位置(第 7 行)，然后按 F9 键。同样，在输出部分的第一行(程序第 16 行)添加断点，添加结果如图 6-9 所示。注意箭头所指符号，黑圆点表示该处有一个断点。断点设置好以后，可以按 F5 键继续调试程序。输入内容：1 3 2 5 4 0 9 8 7 6，按回车键以后，程序将开始执行。在调试状态下，VC2010 将捕捉程序中可能发生的异常，如出现如图 6-10 所示的提示，表示程序运行过程中产生了异常(exception)，而且被 VC2010 调试程序所捕捉到(catched)。

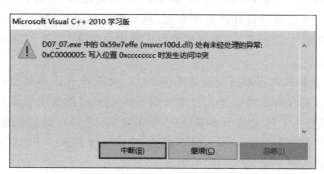

图 6-10　程序发生异常被 VC2010 捕捉

中断后,程序停留在系统库中,如图 6-11 所示,这不是大家熟悉的代码。观察图右下部分"调用堆栈",这里显示了程序调用的层次。可以找到熟悉的 main 函数(第 4 行),双击该行跳转到 main 函数中出错的地方,如图 6-12 所示。仔细观察可以发现,此处 scanf 后面的数组元素变量丢失了地址符 &。

图 6-11　选择中断后进入 VC2010

```
int i, j, k, a[10];
for(i=1;i<=10;i++)
    scanf("%d", a[i]);
for(i=1;i<=10;i++)
```

图 6-12　黑色箭头表示程序正停留在该行代码中的函数调用过程中

停止调试(按快捷键 Shift+F5),修正源代码中的错误后,重新编译(按 F7 键),再重新以调试方式运行代码(按 F5 键),继续查错;程序将在断点处中断,如图 6-13 所示。

在程序中断的位置,输入的循环已经结束;观察自动窗口,变量 i 的值已经变成 11,也表示循环结束。按照前面所设计的调试方案,现在可以检查程序输入是否正确。前面已经学习过如何添加一个监视变量,要观察数组值可以直接在"监视 1"窗口中输入数组名,如图 6-14 所示。

可以发现,a 数组的内容和所期待的不同:a[0]元素没有正确赋值,而且最后一个输入数字 6 没有被正确保存在数组里。这里可以看出 C 语言的数组特点,是从 0 开始计数的,而整个程序都是从 1 号元素开始输入排序和输出,这和 C 语言的编程习惯不一致。因此整个程序代码都需要修正一下。终止调试(按快捷键 Shift+F5)后,更改例 6-7 程序并重新调试发现输入已正常,如图 6-15 所示。

既然 10 个数据已经正确地保存在 a 数组里,表示输入阶段正确完成了,下面就可以检查排序部分的代码。继续执行(按 F5 键),运行到第二个断点,可以发现数组内部数据

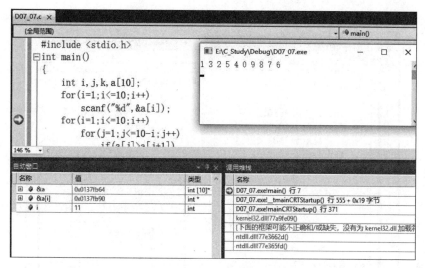

图 6-13　断点调试

名称	值	类型
a	0x0059fe68	int [10]
[0]	-858993460	int
[1]	1	int
[2]	3	int
[3]	2	int
[4]	5	int
[5]	4	int
[6]	0	int
[7]	9	int
[8]	8	int
[9]	7	int

图 6-14　利用"监视 1"窗口观察调试过程中变量和数组的变化

大部分的确是排好序了。可是数组内部数据有点异常，多了一个异常的值，而正常的数值 9 不见了，如图 6-16 所示。

可以得到一个结论，就是在两个断点之间仍然存在着错误。使用前述的单步调试，可以发现当 $i=0$ 时，j 循环到最后时等于 9，比较 a[j] 和 a[j+1] 存在问题，因为输入数据仅仅为 a[0]～a[9] 这里的 a[j+1] 却是 a[10]，是一个无效值。而就是这个 a[10] 带来了前面的异常负数。

因此可以再次修改内循环，使之成为如下代码片段。注意，j 循环增加了代码-1：

```
for(i=0;i<10;i++)
    for(j=0;j<10-i-1;j++)
        if(a[j]>a[j+1])
        {
            k=a[j];
            a[j]=a[j+1];
            a[j+1]=k;
        }
```

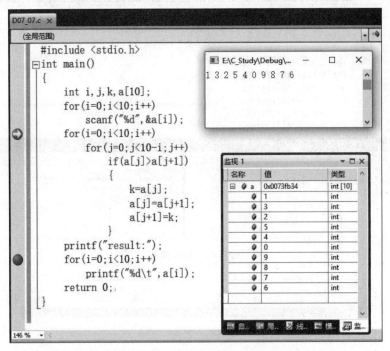

图 6-15 修改后的程序输入已经正常

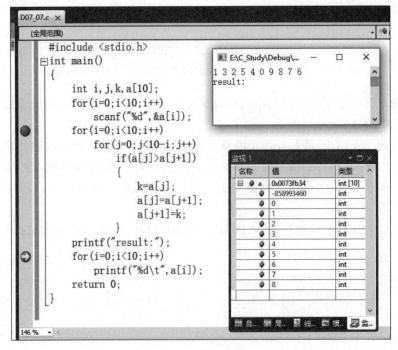

图 6-16 排序异常

6.4　实　践　训　练

实训 12　一维数组的应用

一、实训目的

(1) 理解数组的概念；

(2) 掌握一维数组的定义与引用；

(3) 掌握一维数组的输入输出方法；

(4) 学会应用一维数组编程。

二、实训准备

(1) 复习一维数组的定义与引用；

(2) 复习一维数组的初始化方法；

(3) 复习一维数组的输入与输出方法；

(4) 复习素数的判别方法；

(5) 复习求均值和最大值方法；

(6) 复习排序算法；

(7) 阅读编程技能中相关技能；

(8) 认真阅读以下实训内容，完成预习要求中的各项任务。

三、实训内容

以下各题的所有项目和文件都要求建立在解决方案 C_study 中。

1. 程序填空：输入任意 20 个整数，计算平均值，然后统计非负数个数及非负数之和。

部分代码如下：

```c
#include <stdio.h>
int main()
{
    int i,a[20],s,count;
    float ver;
    ver=s=count=0;
    for(i=0;i<20;i++)
        scanf("%d",__(1)__);
    for(i=0;i<20;i++)
    {   ver+=__(2)__;
        if(a[i]<0)__(3)__;
        s+=a[i];
        count++;
```

```
    }
    ver=ver/20;
    printf("ver=%.1f\ts=%d\t count=%d\n",ver,s,count);
    return 0;
}
```

预习要求：厘清程序思路，将程序补充完整；设计并填充表 6-1 中的测试输入和预测结果。

上机要求：建立项目 P06_01 和文件 P06_01.c，调试运行程序，在表 6-1 中记录实际运行结果并分析结果。

表 6-1　题 1 测试用表

序号	测试输入（输入 10 个数）	预测结果	实际运行结果
1			

2. 程序改错：随机产生 20 个 1～100 之间的整数并保存到一个一维数组中，然后输出其中的所有素数。

含有错误的代码如下：

```
#include<stdio.h>
#include<stdlib.h>
#include<math.h>
#include<time.h>
int main()
{
    int i,j,a[20],k;
    srand((unsigned int)time(NULL));
    for(i=0;i<=20;i++)
    {   a[i]=rand()%100+1;
        printf("%d\t",a[i]);
    }
    printf("\n");
    for(i=0;i<=20;i++)
    {   k=sqrt(a[i]);
        for(j=2;j<k;j++)
            if(a[i]%j==0) break;
            else printf("%d\t",a[i]);
    }
    return 0;
}
```

预习要求：厘清程序思路，找出程序中的错误并改正；将程序中第 10 行原产生随机数部分代码改为格式输入，填充表 6-2 中的测试输入和预测结果。

上机要求：建立项目 P06_02 和文件 P06_02.c,调试运行程序,在表 6-2 中记录实际运行结果并分析结果;然后恢复原产生随机数部分代码。

表 6-2　题 2 测试用表

序号	测试输入(输入 10 个数)	预测结果	实际运行结果
1			

3. 编写程序：输入某班学生某门课的成绩并保存到一个一维数组中(最多不超过 50 人,具体人数由键盘输入),然后求最高分及其在数组中下标位置。

预习要求：画出算法流程图并编写程序;设计并填充表 6-3 中的测试输入和预测结果。

上机要求：建立项目 P06_03 和文件 P06_03.c,调试运行程序,在表 6-3 中记录实际运行结果并分析结果。

提示：

① 定义一个长度为 50 的一维数组和一个表示学生实际人数的变量 n;

② 输入学生实际人数 n 值,然后输入 n 个学生的成绩并保存到数组中;

③ 采用类似于打擂台的方法求出数组中最大值及最大值下标。

表 6-3　题 3 测试用表

序号	测试输入(输入 10 个数)	预测结果	实际运行结果
1			

4. 编写程序：输入 20 个互不相同的正整数,然后按从大到小的顺序输出。

预习要求：画出算法流程图并编写程序;设计并填充表 6-4 中的测试输入和预测结果。

上机要求：建立项目 P06_04 和文件 P06_04.c,调试运行程序,在表 6-4 中记录实际运行结果并分析结果。

提示：

① 定义一个一维数组保存 20 个数;

② 每次输入一个数时,要判断是否和原来的数相同,若相同需要重新输入;

③ 对保存到数组中的 20 个数进行排序并输出。排序方法可用选择排序或冒泡排序等方法。

表 6-4　题 4 测试用表

序号	测试输入(输入 10 个数)	预测结果	实际运行结果
1			

四、常见问题

定义和引用一维数组时常见的问题如表 6-5 所示。

表 6-5 一维数组常见问题

常见错误实例	常见错误描述	错误类型
int n,a[n];	使用了变量而非整型常量来定义数组的长度	语法错误
int a[5]={1,2,3,4,5,6};	数组初始化时,初值个数不能多于数组元素个数	语法错误

int a[5];
scanf("%d",&a);
	数值型数组的值不能整体输入,一次只能输入一个元素的值。正确形式:
	int a[5],i;
	for(i=0;i<5;i++)
	    scanf("%d",&a[i]);
		逻辑错误

int a[5],i;
for(i=0;i<5;i++)
    scanf("%d",a[i]);
	输入数组元素值时,数组元素 a[i]前必须加地址运算符 &。正确形式同上	运行错误

int a[5],i;
for(i=0;i<5;i++)
printf("%d",a[i]);
	数组定义后,若没有给数组元素赋值,数组元素的值即为不可知的数,输出时将导致结果不正确	逻辑错误

int a[5]; a[5]=1;	引用数组元素时下标越界	运行错误
fun(a[],n)	数组名作为函数调用的实参时,数组名后不能有方括号。正确形式: fun(a,n)	语法错误

实训 13 二维数组的应用

一、实训目的

(1) 掌握二维数组的定义与引用;

(2) 掌握二维数组的输入输出控制;

(3) 学会二维数组的编程应用。

二、实训准备

(1) 复习二维数组的定义与引用;

(2) 复习二维数组的初始化方法;

(3) 复习二维数组的输入与输出方法;

(4) 复习矩阵的运算方法;

(5) 阅读编程技能中相关技能;

(6) 认真阅读以下实训内容,完成预习要求中的各项任务。

三、实训内容

以下各题的所有项目和文件都要求建立在解决方案 C_study 中。

1. 程序填空：求出一个 3×3 矩阵中各行元素之和，然后以矩阵形式输出原矩阵及各行元素之和。

部分代码如下：

```
#include <stdio.h>
int main()
{   int i,j;
    int a[3][4]={{3,5,6,0},{2,1,4,0},{8,7,1,0}};
    for(i=0;i<3;i++)
        for(j=0;j<3;j++)
            a[i][3]+=  (1)  ;
    for(i=0;i<3;i++)
        for(j=0;  (2)  ;j++)
        {
            printf("%3d",a[i][j]);
            if(  (3)  ) printf("\n");
        }
    return 0;
}
```

预习要求：厘清程序思路，将程序补充完整；填充表 6-6 中的预测结果。

上机要求：建立项目 P06_05 和文件 P06_05.c，调试运行程序，在表 6-6 中记录实际运行结果并分析结果。

表 6-6　题 1 测试用表

序号	预 测 结 果	实际运行结果
1		

2. 程序改错：输入一个 5×5 的矩阵，然后将它转置后输出。

含有错误的代码如下：

```
#include <stdio.h>
#define N 5
int main()
{
    int  a,b,c[N][N],t;
    for(a=0;a<N;a++)
    {
        printf("请输入第%d行的数据>",a );
        for(b=0;b<N;b++)
```

```
            scanf("%d",c[a][b]);
        }
    for(a=0;a<N;a++)
        for(b=0;b<N;b++)
            t=c[a][b],c[b][a]=c[a][b],c[a][b]=t;
    for(a=0;a<N;a++)
        for( b=0;b<N;b++)
            printf("%c%d",b%N!=0?'\n':'\t',c[a][b]);
    return 0;
}
```

预习要求：厘清程序思路,找出程序中的错误并改正;设计并填充表 6-7 中的测试输入和预测结果。

上机要求：建立项目 P06_06 和文件 P06_06.c,调试运行程序,在表 6-7 中记录实际运行结果并分析结果。

表 6-7　题 2 测试用表

序号	测试输入	预测结果	实际运行结果
1			
2			

3. 编写程序：假设某高校共有 5 个学生餐厅,为了对这些餐厅的饮食和服务质量做调查,特邀请 40 个学生代表对各餐厅打分,分数为 1~5 个等级(1 表示最低分,5 表示最高分)。如果餐厅平均得分(采用四舍五入)为 1,则星级为一颗星;如果平均得分为 2,则星级为两颗星;依此类推。要求统计并按如下格式输出各餐厅的餐饮服务质量调查结果。

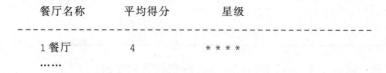

```
        餐厅名称        平均得分        星级
    ------------------------------------------------
        1餐厅          4            * * * *
        ......
```

预习要求：画出算法流程图并编写程序;设计并填充表 6-8 中的测试输入和预测结果。

上机要求：建立项目 P06_07 和文件 P06_07.c,调试运行程序,在表 6-8 中记录实际运行结果并分析结果。

提示：

① 先定义一个 10×5 的二维数组保存 10 个学生给 5 个餐厅的打分。程序调试通过后,再将数组大小定义改为 40×5,即表示 40 个学生给 5 个餐厅的打分;

② 定义一个长度为 5 的一维数组表示 5 个餐厅的均分,然后求二维数组每一列的平均值并保存到这个一维数组中;

③ 对所得平均值进行四舍五入取整处理;

④ 按题目要求格式输出结果。注意,输出星级时要根据餐厅的平均得分输出对应的星号。

表 6-8 题 3 测试用表

序号	测试输入(输入 10 组数)	预测结果	实际运行结果
1			
2			

4. 编写程序:输入 n,生成如图 6-17 所示的 $n \times n$($n = 6$ 时)矩阵并保存到一个二维数组中,然后按矩阵形式输出。

预习要求:画出算法流程图并编写程序;设计并填充表 6-9 中的测试输入和预测结果。

上机要求:建立项目 P06_08 和文件 P06_08.c,调试运行程序,在表 6-9 中记录实际运行结果并分析结果。

提示:

① 先定义一个值为 10 的符号常量 N,然后定义一个 $N \times N$ 的二维数组;

② 输入数组实际大小 n;

③ 计算 $n \times n$ 的二维数组各元素值。可根据各行各列数组元素值和行列值之间的变化规律(注意观察),计算数组元素值;

④ 按行输出二维数组各元素值。

```
 1   2   3   4   5   6
12  11  10   9   8   7
13  14  15  16  17  18
24  23  22  21  20  19
25  26  27  28  29  30
36  35  34  33  32  31
```

图 6-17 题 4 输出

表 6-9 题 4 测试用表

序号	测试输入	标准运行结果	实际运行结果
1			

四、常见问题

定义和引用二维数组时常见的问题如表 6-10 所示。

表 6-10 二维数组常见问题

常见错误实例	常见错误描述	错误类型
int a[2,3];	定义二维数组时,行长度和列长度要分别放在不同的方括号内。正确形式: int a[2][3];	语法错误
int a[2][]={1,2,3,4,5,6};	二维数组初始化时,可省略行长度,但不能省略列长度	语法错误

常见错误实例	常见错误描述	错误类型

int a[2][3],i,j;
for(i=1;i<=2;i++)
　for(j=1;j<=3;j++)
　　scanf("%d",&a[i][j]);
	数组元素下标取值范围是 0～长度－1。否则会导致下标越界错误。正确形式：
	int a[2][3],i,j;
	for(i=0;i<2;i++)
	　for(j=0;j<3;j++)
	　　scanf("%d",&a[i][j]);
		运行错误

void fun(int a[][],int n) {　}	二维数组作为函数形参时,可省略行长度,但不能省略列长度。正确形式： void fun(int a[][10],int n) {　}	语法错误

实训 14　字符数组的应用

一、实训目的

(1) 掌握字符数组的定义与引用；

(2) 掌握字符数组的输入输出控制；

(3) 理解常用字符串处理函数功能；

(4) 学会字符数组的编程应用。

二、实训准备

(1) 复习字符串概念；

(2) 复习字符数组的定义与引用；

(3) 复习用字符方式和字符串方式输入输出字符数组的方法；

(4) 复习常用字符串处理函数的功能和应用；

(5) 复习应用字符数组处理字符串的有关应用；

(6) 阅读编程技能中相关技能；

(7) 认真阅读以下实训内容,完成预习要求中的各项任务。

三、实训内容

以下各题的所有项目和文件都要求建立在解决方案 C_study 中。

1. 程序填空：输入两个字符串并逐个字符进行比较,然后输出两个字符串中第一个不相同字符的 ASCII 码之差值。例如,输入的两个字符串分别为"abcdefg"和"abceef",比较后的输出为－1。

部分代码如下：

```
#include<stdio.h>
int main()
```

```
{   char str1[100],str2[100];
    int i=0,s;
    printf("Enter string 1: ");
    gets(str1);
    printf("Enter string 2: ");
    gets(str2);
    while((str1[i]==  (1)   &&str1[i]!=  (2)  ))
        i++;
    s=  (3)  ;
    printf("%d\n",s);
    return 0;
}
```

预习要求：厘清程序思路，将程序补充完整；设计并填充表 6-11 中的测试输入和预测结果。

上机要求：建立项目 P06_09 和文件 P06_09.c，调试运行程序，在表 6-11 中记录实际运行结果并分析结果。

表 6-11　题 1 测试用表

序号	测 试 输 入	预 测 结 果	实际运行结果
1			
2			

2. 程序改错：密码核对。

首先用户输入一串密码，从中找到第一个 ASCII 码值最大的字符并在其后插入子串"ve"；然后将字符串与程序内设置的密码比较，若相同则输出"right"，否则提示用户重新输入密码。若用户 3 次输入的密码均不正确时，则程序终止运行。

例如：

输入：love
输出：wrong! you have 2 chances!
输入：lv
输出：right!

含有错误的代码如下：

```
#include <stdio.h>
#include <string.h>
void insert(char str[]);
int main()
{   char s1[80],s2[80],password[80]="lvve";
    int i;
```

```
        for(i=0;i<3;i++)
        {
            printf("\nplease input password: ");
            gets(s1);
            s2=s1;
            insert(s2);
            if(password==s2)
            {
                printf("right!\n");
                break;
            }
            else
                printf("wrong! you have %d chances!\n",2-i);
        }
        return 0;
    }
    void insert(char str[])
    {   char max;
        int i,j=0;
        max=str[0];
        for(i=1;str[i]!='\0';i++)
            if(str[i]>max)
            {
                max=str[i];
                j=i;
            }
        for(i=strlen(str);i>j;i--)
            str[i+2]=str[j];
        str[j+1]='v',str[j+2]='e';
    }
```

预习要求：厘清程序思路，找出程序中的错误并改正，设计并填充表 6-12 中的测试输入和预测结果。

上机要求：建立项目 P06_10 和文件 P06_10.c，调试运行程序，在表 6-12 中记录实际运行结果并分析结果。

表 6-12　题 2 测试用表

序号	测 试 输 入	预 测 结 果	实际运行结果
1			

3. 编写程序：输入一个表示星期几的英文单词，通过查找如表 6-13 所示的星期表，输出其对应的数字。例如，若输入 Monday，则输出结果为 1。

表 6-13　星期表

1	Monday	5	Friday
2	Tuesday	6	Saturday
3	Wednesday	7	Sunday
4	Thursday		

预习要求：画出算法流程图并编写程序；设计并填充表 6-14 中的测试输入和预测结果。

上机要求：建立项目 P06_11 和文件 P06_11.c，调试运行程序，在表 6-14 中记录实际运行结果并分析结果。

提示：

① 定义一个二维字符数组保存表 6-13 中的信息，定义一个一维字符数组保存输入的英文单词；

② 在二维数组中顺序查找是否有和输入的英文单词相同的字符串。注意，对字符串比较时，不能直接用＝＝号比较，而要使用字符串比较函数；

③ 若找到，则输出相应数字；否则，输出找不到。

表 6-14　题 3 测试用表

序号	测 试 输 入	预 测 结 果	实际运行结果
1			

4. 编写程序：输入一个字符串，把串中重复的字符全部去掉，只保留第一次出现的字符。然后输出处理后的字符串。例如，输入 abcdaabcde，则输出结果为 abcde。

预习要求：画出算法流程图并编写程序；设计并填充表 6-15 中的测试输入和预测结果。

上机要求：建立项目 P06_12 和文件 P06_12.c，调试运行程序，在表 6-15 中记录实际运行结果并分析结果。

提示：

① 定义一个一维字符数组保存输入的字符串；

② 从头至尾（即到字符串的结束标记'\0'）扫描这个字符数组，并逐个与前面的字符比较，一旦出现相同字符，即把后一个相同的字符删除。

删除某个字符的方法：从数组中要删除字符的后一个字符开始，直到字符串结束符'\0'，将这些字符位置依次往前平移一位。例如，删除 s 数组中第 i 个字符：

```
for(k=i;k<=strlen(s1);k++)
    s[k]=s[k+1];
```

表 6-15　题 4 测试用表

序　号	测 试 输 入	测 试 说 明	预 测 结 果	实际运行结果
1		字符串中有重复的字符		
2		字符串中没有重复的字符		

四、常见问题

定义和应用字符数组时常见的问题如表 6-16 所示。

表 6-16　字符数组常见问题

常见错误实例	常见错误描述	错误类型
'hello'	字符串要用一对双引号括起,即"hello"	语法错误
char str[20]; str="hello";	不能用赋值语句将一个字符串给字符数组。正确形式:strcpy(str,"hello");	语法错误
char str[20]; scanf("%s",&str);	数组名代表数组的首地址,不能再在其之前加地址符 &。正确形式: scanf("%s",str);	潜在错误
char str1[4]="hello";	数组定义的长度太小,不够保存初始化的字符串。正确形式: char str1[6]="hello";	数组界溢出错误
char str1[20]="hello", 　　str2[20]="world"; if(str1>str2)	比较两个字符串大小不能直接用>符号。正确形式: if(strcmp(str1,str2)>0)	逻辑错误

实训 15　数组的综合应用

一、实训目的

运用所学知识并结合数组的相关内容,完成一个规模较大的、具有一定现实生活情景的设计性实验,以加深对数组等知识的理解,提高综合应用数组知识的能力。

二、实训准备

(1) 复习数组的定义与引用;

(2) 复习数组的输入输出方法;

(3) 复习排序、找最大最小值、统计分析等重要算法;

(4) 复习模块化编程思想;

(5) 阅读编程技能中相关技能;

(6) 认真阅读以下实训内容,完成预习要求中的各项任务。

三、实训内容

本题的项目和文件都要求建立在解决方案 C_study 中。

题目：设计并实现一个小型选秀比赛管理程序。

问题描述：在电视综艺节目中，经常有各种各样的选秀比赛。现假设在某个选秀比赛的决赛现场，有若干选手参加角逐。比赛评分的规则为每位选手有一个编号，当某位选手表演结束后，由 8 名评委当场给选手打分，打分采用 10 分制；然后去掉一个最高分和最低分，将其余分数相加作为该选手的最后得分；所有选手表演完后，根据选手最后得分从高到低排名（相同分数的选手具有相同的名次），并当场公布每位选手的姓名、编号、名次和最后得分。

程序功能：编写一个程序以帮助选秀比赛的组委会完成决赛的评分排名工作。要求具有以下基本功能。

（1）比赛前：输入参赛选手的姓名、编号等信息；

（2）比赛中：

① 对每位选手表演结束后，输入 8 名评委的打分，分值范围为 0～10；

② 计算每位选手最后得分。

计分方法：去掉一个最高分和最低分后，对其余分求和，即为该选手最后得分。

（3）比赛结束后：按选手最后得分由高到低排序（若分数相同，则名次并列）并输出结果，输出形式如下所示：

排名	编号	姓名	得分
1	05	王菲	58
2	07	李娜	54
2	09	李萌	54
4	02	王东风	50
...			

编程要求：采用模块化设计方法，以如下所示菜单形式显示程序主要功能，然后根据用户输入的选项执行相应的操作。

```
评   分   系   统
1  输入选手信息
2  输入并统计选手得分
3  输出比赛结果
4  退出系统
请选择 (1-4)：
```

预习要求：画出算法流程图并编写程序；设计并填充表 6-17 中的测试输入和预测结果。

上机要求：建立项目 P06_13 和文件 P06_13.c，调试运行程序，在表 6-17 中记录实际运行结果并分析结果。

提示：

① 根据程序功能要求，划分为若干模块，每个模块可以用一个或多个函数实现；

② 菜单设计和程序架构可参照 6.2 节；

③ 输入选手信息时，因为参赛选手的姓名、编号是不同类型的数据，故考虑用两个不同数组存放；

④ 输入并统计选手得分时，先输入每个评委的打分；然后找出一个最大值和最小值；最后求其余分数之和并保存到选手得分数组中；

⑤ 输出比赛结果时，先对选手得分按从大到小排序；然后依据排序结果统计每位选手的名次并保存到一个数组中；最后按排名依次输出结果。注意：输出结果时，每位选手的名次、编号、姓名、得分要一一对应。

表 6-17　测试用表

序号	测 试 输 入	预 测 结 果	实际运行结果
1			

练　习　6

完成以下课后练习时，各题的所有项目和文件都建立在解决方案 C_study 中。

1. 程序填空（项目名 E06_01，文件名 E06_01.c）：用筛选法求 1～100 以内的所有素数。

筛选法又称筛法，具体做法是先把 N 个自然数按次序排列起来。第一个数 1 不是素数，也不是合数，要划去。第二个数 2 是素数留下来，而把 2 后面所有能被 2 整除的数都划去。2 后面第一个没划去的数是 3，把 3 留下，再把 3 后面所有能被 3 整除的数都划去。3 后面第一个没划去的数是 5，把 5 留下，再把 5 后面所有能被 5 整除的数都划去。这样一直做下去，就会把不超过 N 的全部合数都筛掉，留下的就是不超过 N 的全部素数。

因为希腊人是把数写在涂蜡的板上，每要划去一个数，就在上面记以小点，寻求素数的工作完毕后，这许多小点就像一个筛子，所以就把埃拉托斯特尼的方法叫作"埃拉托斯特尼筛"，简称"筛法"。

部分代码如下：

```c
#include<stdio.h>
int main()
{
    int  a,b,c[101];
    c[1]=0;
    for(a=2;a<101;a++)
        c[a]=1;
    for(a=2;a<100;a++)
```

```
        if(c[a]!=0)
            for(   (1)   ;b<101;b++)
                if(b%a==0) c[b]=   (2)   ;
    for(a=1;a<101;a++)
        if(c[a])  printf("%d\t",   (3)   );
    return 0;
}
```

2. 程序填空(项目名 E06_02,文件名 E06_02.c)：将十进制数转换为二进制并输出。
部分代码如下：

```
#include <stdio.h>
int fun(int x,int b[]);
int main()
{   int m,a[10],n,i;
    scanf("%d",&m);
    n=   (1)   ;
    for(i=0;i<n;i++)
        printf("%d",a[i]);
    return 0;
}
int fun(int x,int b[])
{
    int k=0,r;
    do{
        r=x%   (2)   ;
        b[k++]=r;
        x/=   (3)   ;
    }while(x);
    return k;
}
```

3. 程序填空(项目名 E06_03,文件名 E06_03.c)：输入一个字符串并以♯号结束,然
后将该字符串复制给另一个字符串并输出。要求将字符串复制给另一个字符串时,将其
中的换行符和制表符转换为可见的转义字符表示,即用'\n'表示换行符,用'\t'表示制表符。
    部分代码如下：

```
#include <stdio.h>
void expand(char s[],char t[]);
int main()
{   char s1[80],s2[80];
    int i;
    for(i=0;(s1[i]=getchar())!='#'&&i<80;i++);
    s1[i]='\0';
    expand(s1,s2);
```

```
        puts(s2);
        return 0;
    }
    void expand(char s[],char t[])
    {   int i,j;
        for(i=j=0;s[i]!='\0';i++)
        switch(s[i])
        {   case '\n': t[j++]=__(1)__ ; t[j++]='n';break;
            case '\t': t[j++]=__(2)__ ; t[j++]='t';break;
            default: t[j++]=s[i];
        }
        t[j]=__(3)__ ;
    }
```

4. 编写程序(项目名 E06_04,文件名 E06_04.c)：先输入若干学生的学号和某门课成绩(最多不超过 50 人)，当输入学号为 0 时表示输入结束。然后再输入任意一个学号，查找并输出与此学号对应的学生成绩。

5. 编写程序(项目名 E06_05,文件名 E06_05.c)：输入 10 个互不同的数，将其按照从大到小排序并输出；然后再输入一个数，用二分法查找该数在数组中的位置。

二分法查找也称折半查找，是一种效率较高的查找方法，只能针对有序数组查找。主要思想详见主教材第 6 章。

6. 编写程序(项目名 E06_06,文件名 E06_06.c)：输入 20 个整数，将其中的偶数按照由大到小的次序输出；将其中的奇数按照从小到大的次序输出。

7. 编写程序(项目名 E06_07,文件名 E06_07.c)：输入 10 个整数，查找并输出所有重复的数字。例如：

输入:1 2 3 2 5 1 2 3 1 4
输出:1 1 1
     2 2 2
     3 3

8. 编写程序(项目名 E06_08,文件名 E06_08.c)：模拟骰子的 100 次投掷，统计并输出骰子的 6 个面各自出现的概率。

9. 编写程序(项目名 E06_09,文件名 E06_09.c)：输入一个 5×5 的二维数组，将各行最大值的坐标放置在一个新的一维数组中，最后按照下面的格式输出(以第一行为例)：

第 1 行:12 34 23 45 7   最大值为 45,坐标是(1,4)

10. 编写程序(项目名 E06_10,文件名 E06_10.c)：形成如图 6-18 所示矩阵并保存到一个二维数组中，然后按矩阵形式输出：

11. 编写程序(项目名 E06_11,文件名 E06_11.c)：输入 n，形成如图 6-19 所示 $n×n$ 矩阵(假定 $n=6$)并保存到一个二维数组中，然后按矩阵形式输出。

```
                              1  1  1  1  1  1
1   1   1   1   1             1  2  2  2  2  1
2   1   1   1   1             1  2  3  3  2  1
3   2   1   1   1             1  2  3  3  2  1
4   3   2   1   1             1  2  2  2  2  1
5   4   3   2   1             1  1  1  1  1  1
```

图 6-18　题 10 输出　　　　　　图 6-19　题 11 输出

12. 编写程序(项目名 E06_12,文件名 E06_12.c):输入一个 5×5 的二维数组,找出其中所有的素数以及所在位置,并且按照"值(行,列)"的格式输出。例如:

13(3,4)　表示在第 3 行第 4 列有一个素数 13

13. 编写程序(项目名 E06_13,文件名 E06_13.c):输入 5 个长度不超过 20 的字符串,把这 5 个字符串按照字典顺序连接并输出。例如:

输入:beijing　shanghai　nanjing　tianjing　chongqing
输出:beijingchongqingnanjingshanghaitianjing

14. 编写程序(项目名 E06_14,文件名 E06_14.c):输入一个无符号的八进制整数,将其转换为一个十进制数并输出。

15. 编写程序(项目名 E06_15,文件名 E06_15.c):输入一个无符号十进制整数,将其转换为十六进制数并输出。

第7章

指　针

7.1　知识点梳理

1. 指针的概念

地址：变量保存在内存中，占用的内存序号即为地址。

首地址：不同类型的变量所占用内存的字节数大小不同，因此所占用的连续地址也不同，通常将变量占据连续地址的第一个字节称为变量的首地址，如以下代码。

```
short   s=50;
long    t=12;
```

在定义变量的同时，给变量 s 和 t 分配了内存，如图 7-1 所示。假设计算机由 100 开始是空闲内存（free memory），由于 s 是 short 类型数据，需要占用 2 字节的内存，因此 s 将占用序号为 100 和 101 这两个字节的内存，而 4 字节的长整型变量 t 将占用 102～105 这 4 字节的内存。这样就称变量 s 的地址是 100，变量 t 的地址是 102，即 $\&s=100$，$\&t=102$。习惯上，观察变量的地址以及地址内的二进制值使用十六进制表达。对于本例，就可以说从地址 0x0000 0064 开始的两字节保存的值是 0X32（十进制为 50），而从地址 0x0000 0066 开始的 4 字节保存的值是 0X0C（十进制为 12）。

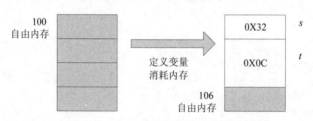

图 7-1　变量依序占用的内存空间

指针：变量的地址称为指针。

指针变量：保存变量地址的特殊变量称为指针变量。在不影响理解的基础上，以下把指针变量简称为指针。

地址空间：显然，计算机使用的内存越大，就需要越多的字节识别不同的内存单元。

早期的系统使用 16 位地址，可使用 2^{16} 即 64KB 的不同地址；流行的系统使用 32 位地址，可使用 2^{32} 即 4GB 的不同地址；而最新的系统使用 64 位地址，可使用 16TB 的不同地址。

指针（占用字节）大小：指针用来存储地址信息，所以越多的地址（内存越大）就需要表达能力更强的指针表达。若指针只有 1 字节（8 比特大小），则该指针最多表达 2^8 即 256 个不同的地址，地址表达能力太弱。显然，越大的地址需求，就需要更宽的指针表达能力。在 32 位计算机中，地址宽度为 4 字节，因此最多有 2^{32} 个不同的地址值，也就是说 32 位操作系统最多只能识别 2^{32} 个地址的内存大小，即 4GB 内存空间。在现代计算机应用中，4GB 内存大小已不足，因此最新的计算机纷纷采用 64 位地址宽度，在 64 位的计算机系统中，保存一个地址需要 64 比特，也就是说指针占用内存的大小为 8 字节。VC2010 学习版能生成基于 32 位的应用程序，使用 VC2010 学习版编写 C 语言应用程序，其指针大小为 4 字节。

地址运算符 &：只有变量可以求地址，表达式和常量无法获得地址。

指针运算符 ∗：可以通过指针运算符获得指针所指向的对象。

左值：左值代表一个地址值，在进行赋值运算时，可以将结果放到这个地址中。
例如以下代码：

```
short s;
long t;
short *ps=&s;
long *pt=&t;
```

在执行以上变量定义前，假定自由内存的起始地址为 100，则变量在内存中的关系如图 7-2 所示。变量 s 占 2 字节，变量 t 占 4 字节，变量 ps 是一个指向短整型的指针，通过代码 ps＝&s 使 ps 保存了 s 的地址。类似地，代码 pt＝&t 使长整型指针 pt 指向长整型变量 t。可以对变量 s 和 t 直接进行赋值操作，如 s='A'。这会导致地址单元 100 的值变为 65 或者十六进制 0X41，并且地址单元 101 的值变为 0（低前高后存放数据）。也可以间接通过 ps 对地址单元 100 进行修改，如 ∗ps＝'A'。这里变量 s 和 ∗ps 都是左值，可以放在赋值运算符的左边。尽管短整型变量 s 和长整型变量 t 所占据的空间大小不同，但是指向它们的指针 ps 和 pt 所占据的内存大小却是相同的，在 VC2010 编译的情况下均为 4 字节。

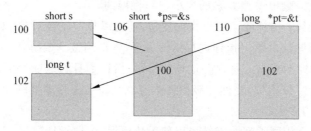

图 7-2　变量及指向变量的指针关系

指针的类型：随着所指向变量的类型不同，指针也具有不同的类型。指针只能指向指针定义中规定的变量类型。例如图 7-2 中指针 ps 只能指向变量 s 而不能指向变量 t。

随机指针：指针未经初始化时，其保存的地址为随机值，称为随机指针。对随机指针所指向的变量进行赋值有可能破坏系统中的重要数据。因此为了避免误使用随机指针，使用指针前必须将其初始化为空指针或指向有效变量。

空指针：当指针所保存的地址为特殊值 0 时，表示该指针不指向任何元素，记为 NULL，称为空指针。

2. 指针的操作与应用

数组与指针：数组是指相同类型的变量连续存放。数组名表示数组首元素的地址。数组名是一个常量，可以当成指针常量进行处理。

指针在数组中的移动：当指针指向数组元素时，指针与整数的加减法表示指针在数组元素中的前后移动。

指针的差：当两个指针指向同一个数组时，两个指针相减可以得到这两个指针所指向的元素序号的差。

例如，观察图 7-3 所示的指针。

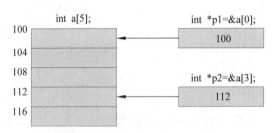

图 7-3　指向数组元素的指针

在图 7-3 中，指针 p1 在定义变量的同时赋初值，其作用等价于 int ∗ p1 和 p1＝&a[0]；这样两条语句。指针 p2 初始化为 a[3] 的地址，因为 p1 和 p2 指向同一个数组中的成员，因此 p2 也可以由 p1 计算得来：int ∗ p2;p2=p1+3;。这里的 p2=p1+3 表示 p2 指向 p1 所指向元素的后三个元素。值得注意的是，因整型变量占 4 字节，a[0] 的地址若为 100，则 a[3] 的地址是 112，所以在赋值表达式 p2=p1+3 中，从绝对值来看，p2 的大小是 p1 的大小加 4×3＝12，即整型元素的大小（4）和个数（3）的积，而 p1－p2 的结果将是其实际绝对地址的差（12）除以整型元素的大小（4），将得到－3。

指向数组的指针：指针除了可以指向变量，还可以指向复合对象，如数组。指向数组的指针称为数组指针。对数组指针进行指针运算，将得到整个数组。

二级指针：指针本身是一种保存地址的变量，指针本身的地址也可以用指针保存，指向指针的指针称为二级指针，当然二级指针本身也是一个保存地址的变量，也可以使用一个指针指向它，称为多级指针。

指针数组：多个相同类型的指针可以使用数组保存，即指针数组。

函数指针：程序运行时，程序的代码段只有加载到计算机内存中才能运行，这些代码段以函数为单位，可以使用指针保存其代码段的入口地址，这样的指针称为函数指针。

指针函数：指针函数是返回值类型为指针的函数。指针函数是函数，不是指针。

行指针与列指针：在二维数组中，指向二维数组中一维数组的指针称为行指针。指向单个元素的指针称为列指针。

main 函数的原型：main 函数可携带参数并通过 return 返回值。main 函数的形参以多个字符串的形式给出，每个参数字符串均用一个指针指向其起点，这样多个参数字符串的指针就构成了指针数组，指针数组的首地址以参数 argv 传入 main 函数，而多字符串的个数则以 argc 参数传入字符串。

例如，观察图 7-4 所示的指针。

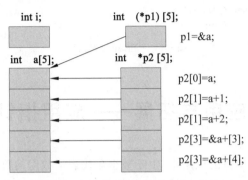

图 7-4　指向数组的指针及指针数组

在图 7-4 中，注意 4 种不同类型的定义：i 是一个简单的整型变量，a 是整型数组，p1 是指向数组的指针，p2 是指针数组。指针 p1 是指向整个数组的，所以将 p1 指向数组 a 必须书写为 p1＝&a，其中数组名 a 表示整个数组。p2 是一个 5 元素的指针数组，其每个数组元素均可指向一个整型。考查图 7-4 中 p1 的定义行，p1 刚定义时，其保存的地址值是随机值，既可能指向 a 数组，也有可能指向某个 b 数组，但更可能的是指向其他未知内存区域。这样的指针是随机指针，必须要对其赋值以后才可使用。同样地，考查图 7-4 中 p2 的定义行。p2 刚定义时，5 个元素均保存了随机地址，并不是天然就和 a 数组的 5 个元素一一对应的，这种对应关系是执行了右边的赋值以后才形成的。赋值时完全可以根据需要赋值 p2[3]＝&i，这在语法上是正确的。在对各个指针进行初始化后，即可通过指针对所指向变量进行间接引用。如 a[2]＝2 是对数组元素直接存取，在 p1 指向 a 数组以后，＊p1 等价于 a 数组，a[2]＝2 即可使用(＊p1)[2]＝2 间接引用。而在实现了 p2 数组和 a 数组中各个元素的关联以后，指针 p2[2]直接便指向了 a[2]，a[2]＝2 可以使用 ＊(p2[2])＝2 间接引用。因为指针运算符 ＊ 的优先级小于数组运算符[]，故 ＊(p2[2])＝2 又可以表达为 ＊p2[2]＝2。当然还可以使用 ＊(p2[0]＋2)＝2 进行相对寻址。

又如，观察图 7-5 所示的指针。

在图 7-5 中，数组指针 p2 指向了一维数组 b，而数组指针 p3 指向了二维数组 c 的第 0 行。因为 p3 数组指向了 4 元素数组，因此 p3＋1 将指向数组 c 的第 1 行；p3 指针的加减法的结果都正好指向数组 c 的某一行，故称 p3 为行指针。因为 p2 不在二维数组内，p2 指针的加减法将导致指向不可知内存，故 p2 不能称为行指针。指针 p1 是一个指向字符变量的指针，图 7-5 中 p1 指向了 c[0][0]元素，p1＋1 将指向 c[0][1]，p1 的加减法使 p1 指向数组一行中不同列的元素，故 p1 被称为列指针。当然，当 p1＋4 将超出 c[0]行的范围时，其将指向 c[1][0]回到列首成为下一行的列指针。

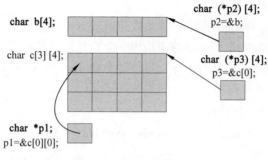

char b[4];

char (*p2) [4];
p2=&b;

char c[3] [4];

char (*p3) [4];
p3=&c[0];

char *p1;
p1=&c[0][0];

图 7-5　行指针与列指针

7.2　案例应用与拓展——应用指针处理数据

在数组名作为函数参数的应用中,由于数组名代表了数组的首地址,所以实际传递的参数是数组的首地址。一般只有指针变量能接收并保存地址信息,因此无论将形参定义为一个数组或一个指针变量,均把它们当作指针进行处理。

由于指针作为函数参数传递的是地址,因此在被调函数中若改变了指针所指变量的值,则主调函数对应实参的值也会改变,这就是地址传递。可以应用指针这一特点,将学生成绩管理程序中的函数参数改用指针处理,从而使程序更直观高效。

1. 应用指针处理学生成绩管理程序中的数据

请认真阅读并分析以下程序,然后在解决方案 C_study 中建立项目 W07_01 和文件 W07_01.c,调试运行程序并观察运行结果。

```
#include <stdio.h>
#include <stdlib.h>
#include <string.h>
#define   SIZE  80
void input(float * ,int * );
void del(float * ,int * );
void find(float * ,int);
void sort(float * ,int);
void display(float * ,int);
void menu();
void input(float * a,int * n)
{
  float * p;
  system("cls");                    /* 清屏 */
  printf("\n 请输入学生人数(1-80):");
  scanf("%d",n);
```

```
    printf("\n请输入学生成绩:");
    for(p=a;p<a+(*n);p++)
      scanf("%f",p);
    system("pause");
}


void del(float *a,int *n)
{
    int   i,j,k=0;
    float m;
    system("cls");                        /*清屏*/
    printf("\n请输入要删除的成绩:");
    scanf("%f",&m);
    for(i=0;i<*n;i++)
      if(m==*(a+i))                       /*查找*/
      { k=1;
        for(j=i;j<*n-1;j++)               /*删除*/
          *(a+j)=*(a+j+1);
        (*n)--;
        break;
      }
      if(!k)
        printf("找不到要删除的成绩!\n");
      system("pause");
}


void find(float *a,int n)
{
    int   i,k=0;
    float m;
    system("cls");                        /*清屏*/
    printf("\n请输入要查询的成绩:");
    scanf("%f",&m);
    for(i=0;i<n;i++)
      if(m==*(a+i))                       /*查找*/
      { k=1;
        printf(" 已找到,是第%d项,值为%f\n",i,*(a+i));
        break;
      }
      if(!k)
        printf("找不到!\n");
      system("pause");
}
```

```
void sort(float * a,int n)
{ int i,j;
  float t;
  system("cls");                        /* 清屏 */
  for(i=0;i<n-1;i++)
    for(j=0;j<n-i-1;j++)
      if(* (a+j)< * (a+j+1))
      { t= * (a+j); * (a+j)= * (a+j+1); * (a+j+1)=t;}
  printf("\n 输出排序结果:\n");
  for(i=0;i<n;i++)
    printf("% f\t", * (a+i));
  printf("\n");
  system("pause");
}

void display(float * a,int n)
{ float * p;
  system("cls");                        /* 清屏 */
  for(p=a;p<a+n;p++)
    printf("% f\t", * p);
  printf("\n");
  system("pause");
}

void menu()
{
  system("cls");                        /* 清屏 */
  printf("\n\n\n\t\t\t    欢迎使用学生成绩管理系统 \n\n\n");
  printf("\t\t\t ********************************\n");
  printf("\t\t\t *            主菜单            * \n");        /* 主菜单 */
  printf("\t\t\t ********************************\n\n\n");
  printf("\t\t       1  成绩输入        2  成绩删除 \n\n");
  printf("\t\t       3  成绩查询        4  成绩排序 \n\n");
  printf("\t\t       5  显示成绩        6  退出系统 \n\n");
  printf("\t\t       请选择[1/2/3/4/5/6]: ");
}
int main()
{
  int j,num;
  float score[SIZE];
  while(1)
  { menu();
    scanf("%d",&j);
    switch(j)
```

```
        {
            case  1:    input(score,&num); break;
            case  2:    del(score,&num); break;
            case  3:    find(score,num); break;
            case  4:    sort(score,num); break;
            case  5:    display(score,num); break;
            case  6:    exit(0);
        }
    }
    return 0;
}
```

2. 拓展练习

仿照上述程序设计并实现通讯录管理程序,要求应用模块化设计方法并应用指针传递处理通讯录中的相关数据,程序主要菜单和各项功能如下。

```
********************************
*           1—通讯录信息输入      *
*           2—通讯录信息删除      *
*           3—通讯录信息查询      *
*           4—通讯录信息排序      *
*           0—退出               *
********************************
        请输入你的选择(0—4):
```

(1) 通讯录信息输入:输入通讯录管理程序中的相关数据。

(2) 通讯录信息删除:根据输入的主要信息,查找并删除通讯录中的对应记录。

(3) 通讯录信息查询:根据输入的主要信息,查找并显示通讯录中的对应记录。

(4) 通讯录信息排序:对通讯录中的数据按要求排序并输出。

在解决方案 C_study 中建立项目 W07_02 和文件 W07_02.c,调试运行程序并观察运行结果。

7.3　编　程　技　能

7.3.1　指针的算法设计与调试

在 C 语言的学习过程中,指针是相当重要的一部分,学好指针对 C 语言的学习有很重要的意义。以下介绍指针的算法设计与调试方法。

【例 7-1】　在文字处理过程中经常会删除某个字符,试编写程序:用户输入一段字符串,程序删除其中所有的空格并输出结果,然后等待用户的下一个输入,若用户输入空串,则退出程序。

分析：一个简单的思路是从串首开始扫描，遇到空格就将后面所有的字符前移一个字符位置，这样一直到串终点。算法流程如图 7-6 所示。

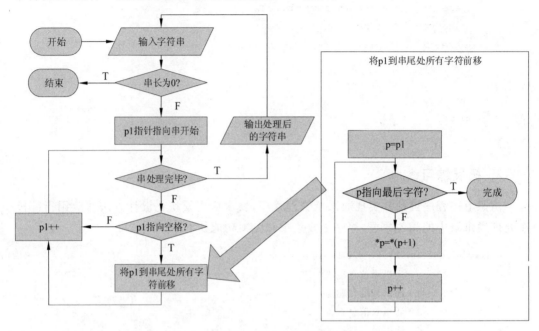

图 7-6   例 7-1 流程图

根据算法编写以下程序，在解决方案 C_study 中建立项目 D07_01 和文件 D07_01.c，调试运行程序。

```c
#include <stdio.h>
#include <string.h>
int main()
{
    char    str[256];
    int     len;
    char    *p1,*p;
    while(1)
    {
        gets(str);
        len=strlen(str);
        if(len==0)
            break;
        for(p1=&str[0];*p1!='\0';p1++)
            if(*p1==' ')
                for(p=p1;*p!='\0';p++)
                    *p=*p+1;
        puts(str);
    }
```

```
        return 0;
    }
```

运行结果如下（第 1 行为用户输入）。

```
Hello world
Hello!xpsme
```

显然，程序未能达成设计的目标。进入 VC2010 集成开发环境，使用调试的方法找到程序错误发生的地方。在判别 p1 指针是否指向空格的 if 语句上按 F9 键设置断点，这样每当执行 if 前，程序将会暂停在这一行。按 F5 键执行程序，并录入测试样例 Hello world。程序将暂停在 if 循环处。在"监视 1"窗口增加观察变量 str 和 p1，可以看到数组 str 和指针 p1 各指向的值，如图 7-7 所示。

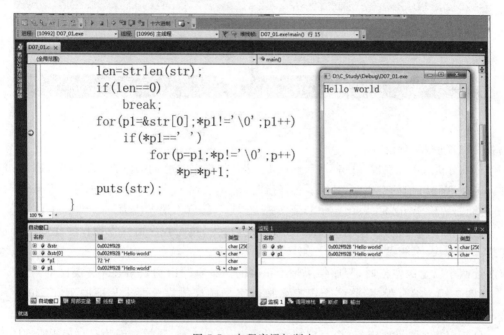

图 7-7　向程序添加断点

从图 7-7 中可观察到现在 p1 指针正指向 str[0]元素，p1 的值与 str 的值相等。而数组名 str 表示数组首元素的地址，所以图 7-7 中 str 和 p1 的值均指向内存 0x002ff928。不同的计算机在不同的时间运行时，这个内存值可能会不一样。继续按 F5 键数次可以发现随着 p1 指针的后移，其指向的字符串也在逐渐变短。

程序的错误从结果上来看出现在空格以后，将光标移到 if 条件成立后的第一个 for 循环，按 F9 键设置断点，再将光标移到 if 语句上，按 F9 键取消第一次设置的断点。按 F5 键执行程序直到中断在 for 循环上，如图 7-8 所示。

按 F10 键单步执行，仔细观察"监视 1"窗口提供的信息，寻找错误发生的原因。可以发现当程序 *p＝*p＋1 时，p1 指针并未变短成 World，而是变成！World。继续按 F10 键可以发现第二次执行时 W 变成了 X。可见错误就发生在这行代码，而且就在这个（刚

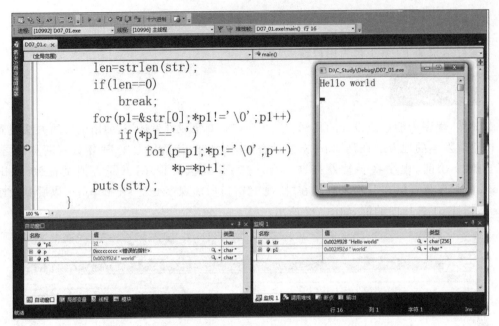

图 7-8　跳过确信无误的代码

刚找到空格的)时刻。

　　仔细分析后可以发现,语句 $*p = *p+1$ 是指向 p 指针所指向的值加 1 以后再放回 p。例如,p 指向 World 前的空格时,其实 p 正好指向 str[5]。而 $*p = *p+1$ 并不等价于 str[5]=str[6]而是等价于 str[5]=str[5]+1,要实现 str[5]=str[6],语句应为 $*p = *(p+1)$。

　　修改程序以后,再次使用 Hello World 作为输入,执行程序可以发现程序此刻运行正常了。通常,一个测试用例的成功,并不能代表程序就正确了。例如,当输入字符串包含有连续两个以上的空格时,程序结果是不正确的。试着写出测试用表并解决这个漏洞。

　　【例 7-2】　编写程序,将多个国家名按照字母顺序排序。要求程序脱离 VC2010 环境,在命令提示符下执行,国家名以主函数参数方式传递给 main 函数。

　　分析:根据题目要求,这个程序要使用到 argc 和 argv 参数。因为具体有几个国家,以及国家名字符串有多长,是由运行时传给 main 函数的参数决定的,因此无法事先确定。不过 argv 本身是一个指针数组,包含了指向每个参数字符串的指针,所以可以直接利用这个数组。排序方法可以使用选择法、冒泡法或者插入法。

　　本例采用冒泡法作为排序算法,程序如下:

```c
#include <stdio.h>
#include <string.h>
intmain(int argc, char* argv[])
{
    int  i,j;
    char    *pt;
    for(i=1;i<argc-1;i++)
        for(j=1;j<argc-i;j++)
```

```
if(strcmp(argv[j],argv[j+1])>0)
{
    pt=argv[j];
    argv[j]=argv[j+1];
    argv[j+1]=pt;
}
for(i=1;i<argc;i++)
    printf("%s\n",argv[i]);
return 0;
}
```

在以上程序中,因为 argv[0]指向执行文件名自身,因此在排序时要从 argv[1]开始向后排序。值得注意的是,排序时并未移动字符串本身(程序中没有出现 strcpy 函数调用)而是使用指针作为排序对象,如图 7-9 所示。

图 7-9　使用指针排序

可以在 VC2010 环境中观察这个程序的执行来认识使用指针排序。在解决方案 C_study 中建立项目 D07_02,在项目里建立新的源文件 D07_02.c,输入例 7-2 的程序并编译。直接按 F5 键或者快捷键 Ctrl+F5 键执行程序,是看不到结果的。因为在 VC2010 中默认程序执行是不带入参数的,但是可以通过项目设置来为程序执行带入参数。

在解决方案资源管理器窗口中右击 D07_02 项目,选择"属性"命令调出 D07_02 项目的"属性页"窗口,在"配置属性"里选择"调试",然后在右侧"命令参数"里填入待调试的参数,各参数之间以空格隔开,如图 7-10 所示。

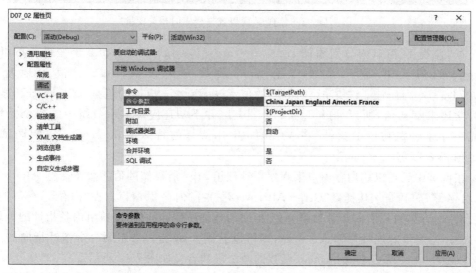

图 7-10　设置调试参数

现在可以在 VC2010 中调试 main 函数的参数了。在源代码中移动光标到第一个 for 循环，按下 F9 键增加一个断点，然后按下 F5 键开始以调试方式执行程序。当程序暂停时，选择"调试"→"窗口"→"监视"→"监视 1"命令或者按快捷键"Ctrl＋Alt＋W,1"调出"监视 1"窗口来观察程序中变量的值，如图 7-11 所示。

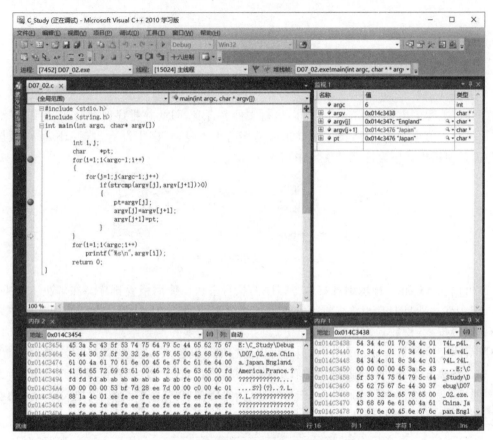

图 7-11　在"监视 1"窗口观察程序的相关变量

在"监视 1"窗口内分别添加 argc、argv、argv[j]、argv[j＋1]、pt 5 个变量。可以看到 argc 的值为 6，表示系统传给 main 函数 6 个参数；argv 的值为地址值 0x007D33B8，而 argv[j]和 argv[j＋1]的值无法显示，pt 指针的值是 0xcccccccc。显然因为 j 还未赋初值，所以 argv[j]和 argv[j＋1]并不知道应该显示数组中的哪个元素。pt 是一个未经赋初值的指针，在 VC2010 中用醒目的特殊值 0xcccccccc 提醒调试者这个值尚未赋值。

在调试中还可以用内存窗口来观察指针数组 argv 所存储的值。按快捷键 Alt＋6 调出"内存 1"窗口，再按快捷键"Ctrl＋Alt＋M,2"打开"内存 2"窗口。在"内存 1"窗口的地址栏输入 argv，可以看到指针数组 argv 指向的地址所保存的值，即数组内各指针的地址；在"内存 2"窗口的地址栏输入 ＊argv，则可以看到 argv 指针数组第一个指针指向的值，即 ＊(argv[0])。系统传递给 main 函数的两个参数含义如图 7-12 所示。

将光标移动到图 7-11 所示程序第 11 行 if 语句后复合语句内，按 F9 键增加断点，然

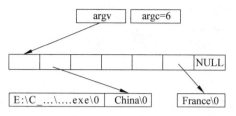

图 7-12　系统传递给 main 函数的两个参数含义

后按 F5 键继续执行程序。从"监视 1"窗口可以观察到,在交换前 argv[j] 的值指向 Japan,而 argv[j+1] 的值指向 England。仿照前述操作,在交换结束的位置添加断点,并执行,交换后,argv[j] 和 argv[j+1] 所保存的地址发生了变化,指向了新的值。然而在"内存 2"窗口中原有的字符串次序并未有所改变,而"内存 1"窗口中则出现了指针数组中值的变化,如图 7-13 所示。

图 7-13　观察指针排序中数组值的变化

　　程序调试正确后,可以在命令提示符下运行。注意此前在 argv[0] 参数中出现过的程序所在的路径和程序名。进入命令提示符后,按如图 7-14 所示依序输入命令,即可执行 D07_02 程序。

图 7-14　在命令提示符中执行程序

7.3.2　指针常见错误

（1）给指针变量赋值时赋予非指针值。

例如：

```
int i, * p;
p=i;
```

p 是指向整型的指针，它要求的是一个指针值，即一个变量的地址而非变量。正确形式应该写成：

```
p=&i;
```

也不能将一个整数赋给指针变量，又如，将一个整数赋给指针 p 是错误的：

```
p=10000;
```

正确的赋值形式有以下几种：

```
p=&a;           将变量 a 的地址赋给 p
p=array;        将数组 array 的首地址赋给 p
p=&array[i];    将数组 array 的第 i 个元素的地址赋给 p
p=max;          max 为已定义的函数，将它的入口地址赋给 p
p1=p2;          p1 和 p2 都是指针变量，将 p2 的值赋给 p1
```

（2）使用指针变量之前没有让指针指向确定的存储区。

例如：

```
char c[20], * str;
scanf("%s",str);
```

这里的 str 没有具体的指向，向 str 输入数据时将产生系统错误。正确的语句应为：

```
char c[20], * str;
str=c;
scanf("%s",str);
```

（3）两个指针变量不能相加，但是可以相减。

例如：

```
int   * p1, * p2;
```

可以做 p1－p2 运算，但 p1＋p2 的运算是没有意义的。

（4）指针超越数组的范围。

例如以下代码：

```
#include<stdio.h>
int main()
{
    int   a[10],i, * p;
    p=a;
    for(i=0;i<10;i++)
        scanf("%d",p++);
    for(i=0;i<10;i++,p++)
        printf("%d", * p);
    return 0;
}
```

在第一个 for 循环的时候已经使指针 p 移出了数组 a 的范围，第二个 for 循环时指针已处在数组之外。在使用指针操作数组元素时，要特别注意指针越界的问题。所以应改为如下代码：

```
#include<stdio.h>
int main()
{
    int   a[10],i, * p;
    p=a;
    for(i=0;i<10;i++)
        scanf("%d",p++);
    p=a;             /* 使 p 重新指向数组 a 的开始处 */
    for(i=0;i<10;i++,p++)
        printf("%d", * p);
    return 0;
}
```

（5）不同类型的指针不能一起运算。

7.4 实 践 训 练

实训 16 指向变量的指针

一、实训目的

(1) 理解指针的概念；

(2) 掌握指向变量指针的应用；

(3) 掌握指针作为函数参数的传递方法。

二、实训准备

(1) 复习变量地址和指针的基本概念；

(2) 复习指针的定义；

(3) 复习指针的应用；

(4) 复习指针的运算；

(5) 阅读编程技能中相关技能，掌握指针相关的调试技巧；

(6) 认真阅读以下实训内容，完成预习要求中的各项任务。

三、实训内容

以下各题的所有项目和文件都要求建立在解决方案 C_study 中。

1. 程序填空：求一元二次方程的根。

以下程序通过 calc 函数求出一元二次方程的两个根。calc 函数返回 0 时表示方程为重根，返回 1 时表示为两个实根，返回－1 时表示返回两个复数根。

部分代码如下：

```
#include <stdio.h>
#include <math.h>
int calc(float a,float b,float c,float * x1,float * x1i,
             float * x2,float * x2i)
{
    float d;
    d=b * b-4 * a * c;
    if(d>0)
    {
        * x1=(-b-sqrt(d))/2/a;
        * x2=(-b+sqrt(d))/2/a;
        return 1;
    }
```

```c
        else if(d==0)
        {
            * x1= * x2=-b/2/a;
            return 0;
        }
        else
        {
            ___(1)___;
            ___(2)___;
            ___(3)___;
            ___(4)___;
            return -1;
        }
    }
    int main()
    {
        float a,b,c,x1,x2,x1i,x2i;
        scanf("%f%f%f",&a,&b,&c);
        switch(calc(a,b,c,___(5)___))
        {
            case  0:
                printf("x1=x2=%.2f\n",x1);
                break;
            case  1:
                printf("x1=%.2f\tx2=%.2f\n",x1,x2);
                break;
            case  -1:
                printf("x1=%.2f+%.2fi\tx2=%.2f+%.2fi\n",x1,x1i,x2,x2i);
        }
        return 0;
    }
```

预习要求：厘清程序思路，将程序补充完整；设计并填充表 7-1 中的测试输入和预测结果。

上机要求：建立项目 P07_01 和文件 P07_01.c，调试运行程序，在表 7-1 中记录实际运行结果并分析结果。

表 7-1　题 1 测试用表

序号	测试输入	测 试 说 明	预测结果	实际运行结果
1	1 2 1	相同的根	$x1=-1,x2=-1$	
2	0 1 1	退化的一元二次方程	错误的输入	

序号	测试输入	测 试 说 明	预测结果	实际运行结果
3		两个实数根		
4		两个复数根		
5		两个绝对值数量级相差 10^6 以上的根		
6		一个非常接近于 0 的根，另一个很大		

2. 程序改错：下列程序中 fun 函数的功能是从低位开始取出长整型变量 s 中偶数位上的数字，依次构成一个新数放在 t 中，最后通过参数 t 带回这个新数。例如，当 s 中的数为 7654321 时，t 中的新数为 642。

含有错误的代码如下：

```c
#include <stdio.h>
#include <stdlib.h>
void fun(long  s, long t)
{
    long  sl=10;
    s/=10;
    t=s%10;
    while(s<0)
    {
        s=s/100;
        t=s%10 * sl+t;
        sl=sl * 10;
    }
}
int main()
{
    long  s, t;
    system("cls");               /* 清屏 */
    printf("\nPlease enter s:");
    scanf("%ld",&s);
    fun(s,t);
    printf("The result is: %ld\n",t);
    return 0;
}
```

预习要求：厘清程序思路，列表写出 fun 函数中各个变量或参数的含义；找出程序中的错误并改正；设计并填充表 7-2 中的测试输入和预测结果。

上机要求：建立项目 P07_02 和文件 P07_02.c，调试运行程序，在表 7-2 中记录实际运行结果并分析结果。

表 7-2　题 2 测试用表

序号	测 试 输 入	测 试 说 明	预 测 结 果	实际运行结果
1		普通 7 位数用例 1		
2		普通 7 位数用例 2		
3		输入带有数字 0 的数		

3. 编写程序：设计一个能够做约分的 calc 函数，该函数通过参数接收两个整数 a 和 b 分别作为分子和分母，将化简后的结果通过这两个参数传回主调函数。并写出调用 calc 函数的主函数。表 7-3 为一组测试样例。

表 7-3　测试样例

输入：	请分别输入分子和分母：12,34
输出：	$12/34 = 6/17$

预习要求：画出算法流程图并编写程序；设计并填充表 7-4 中的测试输入、测试说明和预测结果。

上机要求：建立项目 P07_03 和文件 P07_03.c，调试运行程序，先验证表 7-3 中的测试样例，然后验证表 7-4 中测试输入，记录实际运行结果并分析结果。

提示：

① 使用指针传递输入数据和输出数据；

② 需要检查两个整数是否合法（例如，两个数都不能为 0）；

③ 寻找两个数的公因子并进行化简。

表 7-4　题 3 测试用表

序号	测 试 输 入	测 试 说 明	预 测 结 果	实际运行结果
1				
2				
3				
4		异常数据测试 1：分母为 0	给出出错提示	
5		异常数据测试 2：分子为负		

4. 编写程序：设计一个处理三角形的 fun 函数，该函数接收三角形的三个顶点的 x 和 y 坐标，计算三角形重心的 x 和 y 坐标（重心：三条中线的交点）。并写出调用 fun 函数的主函数。

预习要求：画出算法流程图并编写程序；设计并填充表 7-5 中的测试输入、测试说明和预测结果。

上机要求：建立项目 P07_04 和文件 P07_04.c，调试运行程序，在表 7-5 中记录实际运行结果并分析结果。

提示：

① 坐标是二维数据，每个点坐标需要两个参数传入；计算结果也是坐标，必须通过指针返回计算值；

② 需要检查输入是否合法，例如，三点共线无法构成三角形。

表 7-5　题 4 测试用表

序号	测 试 输 入	测 试 说 明	预 测 结 果	实际运行结果记录
1				
2				
3				
4		异常数据测试 1：		
5		异常数据测试 2：		

四、常见问题

使用简单指针时常见的问题如表 7-6 所示。

表 7-6　简单指针常见问题

常见错误实例	常见错误描述	错误类型
int i, * p＝i;	混淆了定义时初始化和赋值语句的区别，对指针变量初始化时，只能赋某变量的地址。 正确形式：int i, * p＝&i;	语法错误
int i, * p; p＝3;	不能直接给指针变量赋值，必须通过地址运算将某变量地址赋值给对应的指针	语法错误
int i, * p; * p＝3;	指针必须先指向某确定的内存地址，然后才能引用。 正确形式：int i, * p; p＝&i; * p＝3;	运行错误
int i, * p; char ch; p＝&ch;	指针只能指向定义时规定的类型，跨类型赋值一定要使用类型转换	语法错误
int i,j, * p; p＝&i; * p＝3;&i＝&j;	一个变量的地址是不可改变的。 正确形式：p＝&i; * p＝3; p＝&j; * p＝3;	语法错误

实训 17　指针与一维数组

一、实训目的

(1) 理解指针和数组的关系；

(2) 掌握指向数组元素指针的操作；

(3) 学会使用指针访问一维数组的方法。

二、实训准备

（1）复习指针访问数组元素的操作方法；

（2）复习指针的加减运算；

（3）复习应用数组的有关算法；

（4）阅读编程技能中相关技能，掌握指针相关的调试技巧；

（5）认真阅读以下实训内容，完成预习要求中的各项任务。

三、实训内容

以下各题的所有项目和文件都要求建立在解决方案 C_study 中。

1. 程序填空：以下是一个统计班级排名的程序，符号常量 N 定义了能够处理的最大班级人数，而班级的实际人数由输入决定。数组 EScore 和 MScore 分别保存了该班同学的英语成绩和数学成绩，数组 ID 是各个同学的学号。同一个下标的成绩和学号是一一对应的。通用 Sort 函数使用选择法来对班级的成绩进行从高向低排序。排序的同时将调整学号的次序，以保证学号和成绩的一一对应。Output 函数以表格形式输出该班的成绩单。Input 函数用来读取班级同学的信息。

部分代码如下：

```c
#include <stdio.h>
#include <stdlib.h>
#include <string.h>
#define N 60
void Input(long * pID,float * pES,float * pMS,int n)
{
    int i;
    for(i=0;i<n;i++)
    {
        printf("输入第%4d 同学的学号,英语成绩,数学成绩>",i+1);
        scanf("%d%f%f",pID+i,pES+i,pMS+i);
    }
}
void Output(long  * pID,float * pES,float * pMS,int n)
{
    int i;
    printf("%10s%10s%10s\n","学号","英语","数学");
    printf("===================================\n");
    for(i=0;i<n;i++)
        printf(____(1)____);
}
void Sort(long * pID,float * pS1,float * pS2,int n)
{
    float tScore;
```

```
    int    tID;
    int    i,j;
    for(i=0;i<n-1;i++)
    {
        for(    (2)    )
            if(*(pS1+i)<*(pS1+j))
            {
                tScore=pS1[i],pS1[i]=pS1[j],pS1[j]=tScore;
                    (3)    ;
                    (4)    ;

            }
    }
}
int main()
{
    float ES[N],MS[N];
    long  ID[N];
    int   n;
    printf("输入班级总人数");
    scanf("%d",&n);
    Input(ID,ES,MS,n);
    Sort(ID,MS,ES,n);
    system("cls");
    printf("按照数学成绩排序\n\n");
    Output(ID,ES,MS,n);
    Sort(ID,ES,MS,n);
    printf("按照英语成绩排序\n\n");
    Output(ID,ES,MS,n);
    return 0;
}
```

预习要求:厘清程序思路,列表写出每个函数中各个变量或参数的含义,将程序补充完整;准备一组包含 8 人的班级的小型范例作为测试输入,填充表 7-7 中的测试用表,写出按英语排序和数学排序后的预测结果。

上机要求:建立项目 P07_05 和文件 P07_05.c,调试运行程序,在表 7-7 中记录实际运行结果并分析结果。

表 7-7　题 1 测试用表

序号	测 试 输 入	预 测 结 果	实际运行结果
1			

2. 程序改错:下列程序的功能是分别找出某班成绩最高和最低的同学的学号。fun

函数定义一个形参数组来接收成绩,同时寻找最高分和最低分在数组中的序号,并通过指针参数以地址传递方式返回给主程序。

含有错误的代码如下:

```c
#include <stdio.h>
#include <stdlib.h>
#define N 30
void fun(int score[],int n,int * maxIndex,int * minIndex)
{
    int i,max,min;
    for(i=0;i<n;i++)
    {
        if(score[i]>max)
            max=score[i];
        else if(score[i]<min)
            min=score[i];
    }
    maxIndex=&max;
    minIndex=&min;
}
int main ()
{
    int   score[N],ID[N],i,maxIndex,minIndex;
    system("cls");
    printf("请逐行输入每个同学的学号和成绩");
    for(i=0;i<N;i++)
        scanf("%d%d",ID[i],score[i]);
    fun(score,N,&maxIndex,&minIndex);
    printf("最高分%d,学号%d\n最低分%d,学号%d", score[maxIndex],
            ID[maxIndex],score[minIndex],ID[minIndex]);
    return 0;
}
```

预习要求:厘清程序思路,列表写出函数中各个变量的作用,找出程序中的错误并改正;设计一组 5 人次的小型班级数据作为测试输入,填充表 7-8 中的测试输入和预测结果。

上机要求:建立项目 P07_06 和文件 P07_06.c,调试运行程序,在表 7-8 中记录实际运行结果并分析结果。

表 7-8　题 2 测试用表

序号	测 试 输 入	预 测 结 果	实际运行结果
1			

3. 程序改错：下列 fun 函数的功能是在字符串 str 中找出 ASCII 值最大的字符，然后将其放在第 1 个位置上，并将该字符前的原字符向后顺序移动。例如，调用函数前输入字符串 ABCDeFGH，调用后字符串的内容为 eABCDFGH。程序设计的思路是首先搜索 ASCII 值最大的字符，并使用 max 变量表示该字符的 ASCII 值，使用 q 指针保存该字符的地址；然后从第 0 个字符开始直到 q 依次向后挪一个字符位置，最后将 max 填入第一个字符位置。

含有错误的代码如下：

```c
#include <stdio.h>
void fun( char * p)
{
    char    max, * q;
    int    i=0;
    max=p[i];
    while( p[i]!=0 )
    {
        if( max<p[i] )
        {
            max=p[i];
            p=q+i;
        }
        i++;
    }
    while(q<p)
    {
        * q= * (q-1);
        q--;
    }
    p[0]=max;
}
int main()
{
    char    str[80];
    printf("Enter a string:  ");
    gets(str);
    printf("\nThe original string:      ");
    puts(str);
    fun(str);
    printf("\nThe string after moving:  ");
    puts(str);
    printf("\n\n");
    return 0;
}
```

预习要求：厘清程序思路，分别画出 fun 函数和主函数的 N-S 流图或流程图，列表写出 fun 函数中各个变量的含义，找出程序中的错误并改正；给出两组不同的测试数据，填充表 7-9 中的测试输入和预测结果。

上机要求：建立项目 P07_07 和文件 P07_07.c，调试运行程序，在表 7-9 中记录实际运行结果并分析结果。

表 7-9　题 3 测试用表

序号	测 试 输 入	测 试 说 明	预 测 结 果	实际运行结果
1	ABCDeFGH	字母字符串	eABCDFGH	
2		包含其他字符的字符串		
3		包含控制字符的字符串		

4. 编写程序：求出 1 到 1000 之内能被 5 或 13 整除，但不能同时被 5 和 13 整除的所有整数。将结果保存在数组中。要求程序的输入、计算和输出分别使用函数实现。

预习要求：画出流程图并编写程序，写出 1~100 之间满足条件的部分解；填充表 7-10 中的预测结果。

上机要求：建立项目 P07_08 和文件 P07_08.c，调试运行程序，在表 7-10 中记录实际运行结果并分析结果。

提示：

① 需要一个计数器以累计满足条件解的数目；

② 需要定义一个足够大的数组以存放所有的解。

表 7-10　题 4 测试用表

序号	预 测 结 果	实际运行结果
1		

四、常见问题

使用指针和数组时常见的问题如表 7-11 所示。

表 7-11　指针与数组常见问题

常见错误实例	常见错误描述	错误类型
int a[4],＊p＝a,i,s＝0; for(i=0;i<4;i++) 　＊p++＝i; for(i=0;i<4;i++) 　s+＝＊p++;	使用指针处理数组和使用下标处理数组不同，指针遍历数组后，已经指向数组外的内存，再次使用该指针需要重新回位	逻辑错误
int a[5],＊p＝a; p++;a++;	数组名就是数组首元素的地址，p 作为指针可以执行加法，表示向后移动指针，而数组名是常量，不能变化	语法错误

实训 18　指向字符串的指针

一、实训目的

(1) 掌握指向字符串指针的操作;

(2) 学会使用指针处理字符串的方法。

二、实训准备

(1) 复习字符串相关概念;

(2) 复习字符串处理函数;

(3) 复习字符数组相关算法;

(4) 复习遍历字符数组的各种形式;

(5) 阅读编程技能中相关技能,掌握指针相关的调试技巧;

(6) 认真阅读以下实训内容,完成预习要求中的各项任务。

三、实训内容

以下各题的所有项目和文件都要求建立在解决方案 C_study 中。

1. 程序填空:下面程序的功能是从键盘输入两个字符串并分别保存在字符数组 str1 和 str2 中,然后用 str2 中字符串替代 str1 中字符串前面所有的字符。输入要求 str2 的长度不大于 str1,否则需要重新输入。例如,若 str1 中字符串为"aaaaa",str2 中字符串为"bbb",则替代后 str1 中字符串为"bbbaa"。

部分代码如下:

```c
#include <stdlib.h>
#include <stdio.h>
#include <string.h>
int main()
{
    char str1[81],str2[81];
    char * p1=str1, * p2=str2;
    system("CLS");
    do
    {
        printf("Input str1 \n");
        gets(str1);
        printf("Input str2 \n");
        gets(str2);
    }while(   (1)   );
    while(   (2)   )
        * p1++= * p2++;
```

```
        printf("Display Str1\n");
        puts(__(3)__);
        return 0;
    }
```

预习要求：厘清程序思路，将程序补充完整；写出函数中两个循环的作用；给出 3 组不同的测试数据，填充表 7-12 中的测试输入、测试说明和预测结果。

上机要求：建立项目 P07_09 和文件 P07_09.c，调试运行程序，在表 7-12 中记录实际运行结果并分析结果。

表 7-12 题 1 测试用表

序 号	测 试 输 入	测 试 说 明	预 测 结 果	实 际 运 行 结 果
1				
2				
3				

2. 程序填空：以下 fun 函数的功能是从字符串中解析出二进制浮点数，然后转换为十进制数。

main 函数通过键盘输入一个字符串，如"11.011ABC"，通过指针传递给 fun 函数。fun 函数扫描串的内容，将有效的二进制浮点数 11.011 转换为十进制 3.375 并返回，而多余的字符 ABC 被忽略。main 函数输出时保留两位有效数字。

注意：传入 fun 函数的字符串的首字母有可能是'-'，表示需要解析的是一个负浮点数。

部分代码如下：

```
#include <stdio.h>
float fun(char* p)
{
    float f=1,r,d;
    d=0;
    if(* p=='-')
        f=-1,p++;
    while(* p=='1' || * p=='0')
    {
        ____(1)____  ;
    }
    r=0.5;
    if(* p=='.')
    {
        p++;
```

```
        while(*p=='1' || *p=='0')
        {
            ___(2)___;
            p++;
        }
    }
    return ___(3)___;
}
int main()
{
    char s[256];
    gets(s);
    printf("result: %.2f", fun(s));
    return 0;
}
```

预习要求：厘清程序思路，将程序补充完整；写出函数中两个 while 循环的作用和 r 变量的作用；给出 3 组不同的测试数据，填充表 7-13 中的测试输入、测试说明和预测结果。

上机要求：建立项目 P07_10 和文件 P07_10.c，调试运行程序，在表 7-13 中记录实际运行结果并分析结果。

表 7-13 题 2 测试用表

序号	测 试 输 入	测 试 说 明	预 测 结 果	实际运行结果
1				
2				
3				

3. 程序填空：以下 fun 函数的功能是将字符串逆序。

逆序的实现方法是使用两个指针 p 和 q，分别指向串首和串尾，交换 p 和 q 所指向字符，然后 p 和 q 相向各移动一个位置，直到两指针相会为止。main 函数通过键盘输入一个字符串，例如"ABCDE"，通过指针传递给 fun 函数。fun 函数完成字符串逆序并返回 main 函数，main 函数则输出逆序后的字符串。

部分代码如下：

```
#include <stdio.h>
void fun(char * p)
{
    char * q,t;
    for(q=p;___(1)___;q++)
        ;
```

```
    while(p<q)
    {
        _____(2)_____;
        p++;
        _____(3)_____;
    }
}
int main()
{
    char s[256];
    gets(s);
    fun(s);
    puts(s);
    return 0;
}
```

预习要求：厘清程序思路，将程序补充完整；写出函数中 for 循环和 while 循环的作用；给出 3 组不同的测试数据，填充表 7-14 中的测试输入、测试说明和预测结果。

上机要求：建立项目 P07_11 和文件 P07_11.c，调试运行程序，在表 7-14 中记录实际运行结果并分析结果。

表 7-14 题 3 测试用表

序号	测 试 输 入	测 试 说 明	预 测 结 果	实际运行结果
1				
2				
3				

4. 编写程序：编写以下分拣函数 fun 函数。fun 函数的功能是将字符串中所有的数字字符放到串开始的位置，而将非数字字符放到串的后部。字符的次序并不重要。例如，字符串"ab13c2de7o"，处理后的一个结果可以是"7213cdeboa"。

分拣的实现方法是使用两个指针 p 和 q，分别表示数字字符开始的位置和数字字符结束的位置。fun 函数开始时让 p 和 q 分别指向串首和串尾，即假定串中全部是数字字符。然后检查 p 指针所指字符，让 p 指针遇到数字字符向后移动，否则让 q 指针向前移动，将该字符与 q 指针所指字符交换，然后重新检查 p 指针所指字符。这样循环到 p 和 q 相会则表示处理完毕。

main 函数已经给出后的代码如下：

```
#include <stdio.h>
void fun(char * p)
{
```

```
    }
    int main()
    {
        char s[256];
        gets(s);
        fun(s);
        puts(s);
        return 0;
    }
```

预习要求：画出 fun 函数流程图并编写程序；给出 3 组不同的测试数据，填充表 7-15 中的测试输入、测试说明和预测结果。

上机要求：建立项目 P07_12 和文件 P07_12.c，调试运行程序，在表 7-15 中记录实际运行结果并分析结果。

提示：

① 先用一个循环将指针 q 指向串尾（第一个\0处）；

② 再设计一个循环实现分拣，直到 p 和 q 相会为止。

表 7-15　题 4 测试用表

序号	测试输入	测试说明	预测结果	实际运行结果
1				
2				
3				

四、常见问题

使用指向字符串的指针的常见问题如表 7-16 所示。

表 7-16　指向字符串的指针常见问题

常见错误实例	常见错误描述	错误类型

char s[10]="hello";
for(;*s;s++)
　printf("%c",*s);
	字符数组名是常量，不能变化。正确形式：
	char s[10]="hello";
	for(i=0;*(s+i);i++)
	　　printf("%c",*(s+i));
		语法错误

char *s; gets(s);	指向字符串的指针要先指向某确定的内存地址，然后方可引用。正确形式： char *s,a[10]; s=a; gets(s);	运行错误

常见错误实例	常见错误描述	错误类型
char s[20]＝"Hello",d[20]; char ＊ p＝"Hello",＊ q;	字符串指针最常见的错误是混淆指针与数组。	
(1) s[2]＝'\0';	(1) 正确,字符串被打断为 He。	
(2) ＊(p＋2)＝'\0'	(2) 错误,p 指向常量字符串,不得修改。	运行错误
(3) p++	(3) 正确,现在 p 指向"ello"字符串。	
(4) s++	(4) 错误,s 是常量,不能做自加运算。	语法错误
(5) strcpy(s,"BOY");	(5) 正确,当然要小心字符越界。	
(6) strcpy(p,"BOY");	(6) 错误,p 指向的内存区域是只读的常量区。	运行错误
(7) p＝s; strcpy(p,"BOY");	(7) 正确,现在 p 指向的空间是可读可写的内存区域。	
(8) p＝"BOY"	(8) 正确,现在 p 指针指向新的字符串。	
(9) s＝"BOY"	(9) 错误。这是数组初始化才可采用的形式,要改用 strcpy 函数。	语法错误
(10) strcpy(d,"GIRL");	(10) 正确,d 有足够的空间存放字符串。	
(11)strcpy(q,"GIRL");	(11) 错误,q 尚未指向任何可用的内存空间。	运行错误

实训 19 指针与多维数组

一、实训目的

(1) 理解列指针和行指针的概念;
(2) 学会指针遍历多维数组元素的用法;
(3) 学会指向数组的指针的使用;
(4) 理解使用列指针对二维数组元素定位的计算公式;
(5) 掌握带参数的 main 函数的用法。

二、实训准备

(1) 复习指针指向多维数组元素的概念;
(2) 复习行指针与列指针的概念和应用;
(3) 复习应用数组相关算法;
(4) 复习带参数的 main 函数的运行方法;
(5) 阅读编程技能中相关技能,掌握指针相关的调试技巧;
(6) 认真阅读以下实训内容,完成预习要求中的各项任务。

三、实训内容

以下各题的所有项目和文件都要求建立在解决方案 C_study 中。

1. 程序填空：假设班级有 n 位同学（$n<40$），每位同学有数理化 3 门课程成绩（均为 0～100 的整数值），fun 函数的功能是检索全班哪一门课程的平均成绩最高。全班同学的成绩数据由 main 函数保存在一个 N*3 的数组里，其中前 n 行为班上 n 位同学的成绩，而每行 3 个数据分别表示数学、物理和化学 3 门课程的成绩。

fun 函数通过行指针接受全班同学的成绩数组，并返回 0、1 或 2 表示检索到的最高平均成绩课程的序号。

部分代码如下：

```c
#include <stdio.h>
#define N 40
int fun(int (*p)[3],int n)
{
    int ____(1)____ ;              //定义所需各种变量。
    for(i=0;i<n;i++)
        for(j=0;j<3;j++)
            a[j]+=(*p)[j];
    ____(2)____ ;                  //判断哪门课程最优并返回序号。
}
int main()
{
    int s[N][3],n,i,j,k;
    char * course[]={"数学","物理","化学"};
    scanf("%d",&n);
    for(i=0;i<n;i++)
        for(j=0;j<3;j++)
            scanf("%d",&s[i][j]);
    printf("最佳课程为%s\n",course[fun(s,n)]);
    return 0;
}
```

预习要求：厘清程序思路，将程序补充完整；设计并填充表 7-17 中的测试输入、测试说明和预测结果。

上机要求：建立项目 P07_13 和文件 P07_13.c，调试运行程序，在表 7-17 中记录实际运行结果并分析结果。

表 7-17　题 1 测试用表

序 号	测 试 输 入	测 试 说 明	预 测 结 果	实际运行结果
1				

序号	测 试 输 入	测 试 说 明	预 测 结 果	实际运行结果
2				
3				

2. 程序填空：以下 proc 函数功能是计算 20 * 20 的随机方阵的方差，main 函数使用随机函数生成这个随机方阵，其元素值为 0～1 的随机数，proc 函数通过列指针接收这个随机方阵，计算并返回方差，Output 函数是用来输出方阵的辅助函数。

方差公式为 $S_n = \sqrt{\dfrac{1}{n}\sum_{i=1}^{n}(x_i - \bar{x})^2}$，其中 $\bar{x}$ 为平均数；

计算平均数公式为 $\bar{x} = \dfrac{1}{n}\sum_{i=1}^{n}x_i$。

例如，$n=4$ 时其方差为 a，则：

$$a = \begin{vmatrix} 41 & 47 & 34 & 29 \\ 24 & 28 & 8 & 12 \\ 14 & 5 & 45 & 31 \\ 27 & 11 & 41 & 45 \end{vmatrix} = 12.964$$

部分代码如下：

```
#include <stdlib.h>
#include <stdio.h>
#include <math.h>
#include <time.h>
#define N 20
double proc(double * p)
{
    int i;
    double s,aver,f,sd, * p1;
    p1=p;
    for(s=i=0;i<N * N;i++)
        s+= * p1++;
    aver=s/N/N;
    p1=p;
    for(f=i=0;i<N * N;i++)
        f+=(_____1_____);
    f/=N * N;
    sd=_____(2)_____;
    return sd;
}
void Output(double a[N][N])
```

```
    {
        int i,j;
        for(i=0;i<N;i++)
        {
            for(j=0;j<N;j++)
                printf("%7.2f",a[i][j]);
            printf("\n");
        }
    }
    int main()
    {
        double  arr[N][N];
        int  i,j;
        double  s;
        scanf("%d",&n);
        printf("生成随机方阵:");
        srand(time(NULL));
        for(i=0;i<n;i++)
            for(j=0;j<n;j++)
                arr[i][j]=_____(3)_____;
        Output(arr);
        s=proc(&arr[0][0]);
        printf("方差为:%f",s);
        return 0;
    }
```

预习要求:阅读程序,将程序补充完整;从形参、实参和算法角度,对比分析 proc 和 Output 两个函数参数传递的异同点;填充表 7-18 中的测试输入和预测结果。

上机要求:建立项目 P07_14 和文件 P07_14.c,调试运行程序,在表 7-18 中记录实际运行结果并分析结果。

表 7-18　题 2 测试用表

序号	测 试 输 入	预 测 结 果	实际运行结果
1			

3. 程序改错:下面程序中,rotate 函数的功能是将一个 $N \times N$ 的二维数组顺时针旋转 90°。如图 7-24 所示为当 $N=4$ 时,旋转前后的数组如下:

```
        1   2   3   4          13  9   5   1
        5   6   7   8          14  10  6   2
        9   10  11  12         15  11  7   3
        13  14  15  16         16  12  8   4
```

图 7-15　旋转数组

含有错误的代码如下：

```c
#include <stdio.h>
#include <stdlib.h>
#include <string.h>
#define N 4
int a[N][N];
void rotate(int * parr,int n)
{
    int i,j,t;
    for(i=0;i<n;i++)
        for(j=i;j<n;j++)
        {
            t= * (parr+i * n+j);
            * (parr+i * n+j)= * (parr+ (n-1-j) * n+i);
            * (parr+ (n-1-j) * n+i)= * (parr+ (n-1-i) * n+n-1-j);
            * (parr+ (n-1-i) * n+n-1-j)= * (parr+j * n+n-1-i);
            * (parr+j * n+n-1-i)=t;
        }
}
void output(int a[N][N])
{
    int i,j;
    for(i=0;i<N;i++)
    {
        for(j=0;j<N;j++)
            printf("%4d",a[i][j]);
        printf("\n");
    }
}
int main()
{
    int i,j,c=0;
    for(i=0;i<N;i++)
        for(j=0;j<N;j++)
            a[i][j]=++c;
    rotate(&a[0][0],N);
    output(a);
    return 0;
}
```

预习要求：厘清程序思路，找出程序中的错误并改正；填充表 7-19 中的预测结果。

上机要求：建立项目 P07_15 和文件 P07_15.c，调试运行程序，在表 7-19 中记录实际运行结果并分析结果。

表 7-19 题 3 测试用表

序号	预 测 结 果	实际运行结果
1		

4. 编写程序：通过 main 函数的参数传递，向主程序传递一个或多个数字字符串，将这些字符串转换为二进制，并以表格形式输出，要求每 4 比特插入一个空格。

一些限制条件：作为参数的整数字符串，大小不超过 int 的表示范围；转换后的二进制不超过 32 比特；若数字字符串中有非数字字符，则对该字符串报错；若一个字符串都没有传递，则提示用户使用方法。

程序的不同运行样例如图 7-16、图 7-17 和图 7-18 所示。

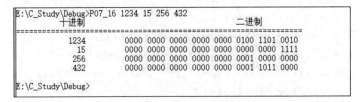

图 7-16 正确的输入输出样例

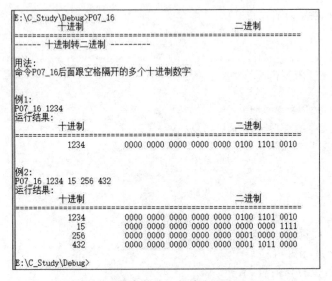

图 7-17 不带参数输入与输出用法（usage）

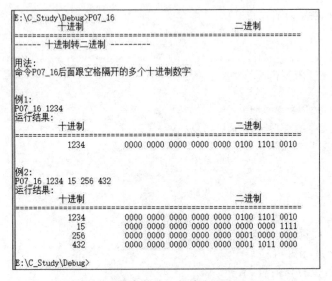

图 7-18 错误的参数应给予提示

预习要求：画出算法流程图并编写程序；设计并填充表 7-20 中的测试用表。

上机要求：建立项目 P07_16 和文件 P07_16.c，调试运行程序，在表 7-20 中记录实际运行结果并分析结果。

表 7-20　题 4 测试用表

序号	待输入的十进制值	测 试 说 明	二进制值（预测结果）	实际运行结果
1		——		
2		——		
3		——		
4		——		
5		——		
6		——		
7		很大的整数		
8		包含非数组的整数		
9		接近整型数表达上限的数		
10	—100	未要求程序处理负数	以报错响应	

四、常见问题

使用指针与多维数组时常见的问题如表 7-21 所示。

表 7-21　指针与多维数组常见问题

常见错误实例	常见错误描述	错误类型
int a[3][4];	指向数组指针最容易发生的错误是类型不匹配错误。	
(1) int * p1[3];p1＝a;	(1) p1 为指针数组，无法将 a 地址赋值给数组名。	
(2) int (* p2)[3]; p2＝a;	(2) p2 指向一个具有 3 元素的数组，而 a 的行指针是 4 元素数组，赋值语句左右类型不匹配。	
(3) int (* p3)[4]; p3＝&a[0][0];	(3) p3 是合适的行指针，但是 &a[0][0] 是一个整型变量的地址，赋值语句左右类型不匹配。	语法错误
(4) int (* p4)[4]; p4＝&a[0];	(4) p4 是合适的行指针，p4 的赋值是正确的。	
(5) int (* p5)[4]; p5＝&a;	(5) p5 是合适的行指针，但是 &a 是整个 a 二维数组的地址，赋值语句左右类型不匹配。	
(6) int (* p6)[3][4]; p6＝&a;	(6) p6 是指向整个数组的指针，对 p6 的赋值是合适的	

常见错误实例	常见错误描述	错误类型

int a[5][4];
f(&a[0][0],5,4);
…
void f(int * p,int r,int c)
{
　int i,j,s=0;
　for(i=0;i<r;i++)
　　for(j=0;j<c;j++)
	通过指向元素的指针向函数传递二维数组的首地址是一种常见的操作方法,但是以一维数组形式操作二维数组容易犯逻辑错误。	

(1) s=s+p[i][j]	(1) 类型不匹配。	语法错误
(2) s=s+ * (p+i * r+j)	(2) 列指针计算错误。	逻辑错误
(3) s=s+ * (p+i * c+j)	(3) 正确	

实训 20　复杂指针

一、实训目的

(1) 掌握指针数组的应用;

(2) 掌握指向函数的指针的应用;

(3) 掌握多级指向的应用。

二、实训准备

(1) 复习指针数组及指针排序的概念和应用;

(2) 复习指针函数的概念及用法;

(3) 复习多级指向的概念和相关算法;

(4) 阅读编程技能中相关技能,掌握指针相关的调试技巧;

(5) 认真阅读以下实训内容,完成预习要求中的各项任务。

三、实训内容

以下各题的所有项目和文件都要求建立在解决方案 C_study 中。

1. 程序填空:下面程序使用行指针计算方阵中对角线元素的和,方阵中每个元素值由随机函数生成。

部分代码如下:

```
#include <stdlib.h>
#include <stdio.h>
#include <time.h>
#define N 10
```

```
void output(int * arr,int row,int column)
{
    int i,j;
    for(i=0;i<row;i++)
    {
        for(j=0;j<column;j++)
            printf("%4d",    (1)    );
        printf("\n");
    }
}
int main()
{
    int   arr[N][N];
    int (* p)[N];
    int sum,i,j;
    srand(time(NULL));
    for(i=0;i<N;i++)
        for(j=0;j<N;j++)
            arr[i][j]=rand()%100;
    system("CLS");
    printf("源数组为:\n");
    output(    (2)    );
    p=    (3)    ;
    for(sum=i=0;i<N;i++)
        sum+=p[i][i];
    printf("主对角线和为:%d\n",sum);
    return 0;
}
```

预习要求：厘清程序思路，将程序补充完整；注释掉程序中的随机生成数据部分代码，使用数组初始化方式使每次运行都是同样的数据，修改数组大小 N 为 4，以小数据进行验证；设计并填充表 7-22 中的测试输入和预测结果。

上机要求：建立项目 P07_17 和文件 P07_17.c，调试运行程序，在表 7-22 中记录实际运行结果并分析结果。在调试正确后修改回原随机部分代码和数组大小。

表 7-22　题 1 测试用表

序号	测 试 输 入	预 测 结 果	实际运行结果
1			

2. 程序填空：下面程序中 fun 函数的功能是求定积分，传入参数为积分区间 $[a,b]$、积分函数 p 以及积分步长 delta。main 函数由用户输入区间 a、b 和积分步长 delta，分别求 $\sin(x)$ 在 $[a,b]$ 区间上的积分和 $x * x$ 在 $[a,b]$ 区间上的积分。

部分代码如下：

```c
#include <stdlib.h>
#include <stdio.h>
#include <math.h>
float fun(float a,float b,____(1)____,float delta)
{
    float s=0;
    float y;
    while(a<b)
    {
        y=____(2)____ * delta;
        s+=y;
        a+=delta;
    }
    return s;
}
float  f1(float x)
{
    return sin(x);
}
float f2(float x)
{
    return x*x;
}
int main()
{
    float a,b,delta;
    printf("分别输入积分区间 a,b,和积分步长 delta>");
    scanf("%f,%f,%f",&a,&b,&delta);
    printf("函数 sin(x)在[%f,%f]上的积分为%f\n",a,b,fun(a,b,f1,delta));
    printf("函数 x*x 在[%f,%f]上的积分为%f\n",a,b,fun(a,b,f2,delta));
    return 0;
}
```

预习要求:厘清程序思路,将程序补充完整;针对两个积分函数各设计两组具有典型特征的积分区间,填充表 7-23 中的积分区间和预测结果。

上机要求:建立项目 P07_18 和文件 P07_18.c,调试运行程序,在表 7-23 中记录实际运行结果并分析结果。使用不同大小的积分步长对测试数据进行计算,记录不同积分步长对计算精度的影响。

表 7-23 题 2 测试用表

序号	积 分 区 间	预 测 结 果	实际运行结果
1			

序号	积 分 区 间	预 测 结 果	实际运行结果
2			
3			
4			

3. 程序改错：下面的程序不改变数组的次序，按照从小到大的顺序输出数组元素。

算法思想是使用指针数组指向每个数组元素，然后对指针数组排序。排序算法使用了选择排序法。

含有错误的代码如下：

```
#include <stdlib.h>
#include <stdio.h>
#include <math.h>
#define N 10 ;
int main()
{
    int arr[N],int *p[N],i,j,t;
    printf("输入%d个整数\n",N);
    for(i=0;i<N;i++)
        scanf("%d",&arr[i]);
    for(i=0;i<N;i++)
        p[i]=arr+i;
    printf("准备排序\n");
    for(i=0;i<N;i++)
        for(j=i+1;j<N;j++)
            if(*p[j]> *p[i])
                t=*p[j];
                *p[j]=*p[i];
                *p[i]=t;
    printf("排序结果\n");
    for(i=0;i<N;i++)
        printf("%d\t",*p[i]);
    return 0;
}
```

预习要求：厘清程序思路，找出程序中的错误并改正；填充如表 7-24 中的测试输入和预测结果。

上机要求：建立项目 P07_19 和文件 P07_19.c，调试运行程序，在表 7-24 中记录实际运行结果并分析结果。

表 7-24　题 3 测试用表

序　号	测　试　输　入	预　测　结　果	实际运行结果
1			

4. 编写程序：在图像处理时，有时使用一种十字中值滤波算法，以提高图像的平滑度。

十字中值滤波算法的思想是一副图像可以认为是一个整型二维数组，图像中的某一点 $P(x, y)$ 的周围有 P 点、$P_左(x-1, y)$、$P_右(x+1, y)$、$P_上(x, y-1)$、$P_下(x, y+1)$5 个点，则十字中值滤波算法将 $P(x, y)$ 及周围这 5 个点的中间值作为新值。边缘地区的可直接使用原先的值。图 7-19 所示为十字中值滤波示例。

图 7-19　十字中值滤波示例

设计一个通用处理函数 proc，proc 函数使用列指针接收源图像数组 src，使用十字中值滤波处理该图像数组并存放到同为数组列指针的形参 dist 中。图像的大小 w 和 h 通过形参传入 proc 函数。主程序输入图像的行 Column 和列 Row，然后输入这 Column * Row 的图像数组，在调用 proc 函数前后分别列表输出源数据和中值滤波后的平均值数据以供对比。

预习要求：画出算法流程图并编写程序；填充表 7-25 中的测试输入和预测结果。

上机要求：建立项目 P07_20 和文件 P07_20.c，调试运行程序，在表 7-25 中记录实际运行结果并分析结果。

提示：在计算第 i 行的平均值时，需要用到 $i-1$ 和 $i+1$ 行的原始数据，因此必须使用两个数组进行运算。

表 7-25　题 4 测试用表

序　号	测　试　输　入	预　测　结　果	实际运行结果
1			

四、常见问题

使用复杂指针时常见的问题如表 7-26 所示。

表 7-26　复杂指针常见问题

常见错误实例	常见错误描述	错误类型
int i, * p,**q;	类型不匹配是复杂指针的常见错误。	语法错误
(1) q=&i;	(1) 类型不匹配,q 只能指向整型指针。	
(2) p=&i; * p=3;	(2) 正确。	
(3) q=&p; * q=3;	(3) 错误, * q 是指针类型。	语法错误
(4) q=&p; * * q=3;	(4) 错误,p 指针尚未指向有效内存。	运行错误
(5) q=&p;p=&i; * * q=3;	(5) 正确。	
(6) q=&&i;	(6) 错误,&i 本身是表达式,无法对表达式取地址	语法错误

练　习　7

完成以下课后练习时,各题的所有项目和文件都建立在解决方案 C_study 中。

1. 编写程序(项目名 E07_01,文件名 E07_01.c):设计编写函数 MyStrStr,寻找字符串中第一个出现的子串。

函数的原型为

char * MyStrStr(char * pSrc,char * pSub),

其中 pSrc 指向源串,pSub 指向要在源串中查找的子串,MyStrStr 函数返回子串在源串中第一次出现的位置。若源串中不存在子串则返回空值 NULL。

例如,当输入源串为"Hello,world",而输入子串为"or"时,程序应输出"ld"。

main 函数已经给出的程序代码如下:

```
#include <stdio.h>
char * MyStrStr(char * pSrc,char * pSub)
{
    //编写代码
}
int main()
{
    char s[256],token[32],* p;
    gets(s);
    gets(token);
    p=MyStrStr(s,token);
    if(p)
        puts(p);
    else
```

```
        printf("no found\n");
    return 0;
}
```

2. 编写程序(项目名 E07_02,文件名 E07_02.c):设计编写函数 MyLTrim,去掉字符串左边的白空格(白空格包括空格' '、跳格'\t'和换行'\n')。

MyLTrim 函数的原型为

```
char * MyLTrim(char * pSrc),
```

其中 pSrc 为待处理的源字符串数组,MyLTrim 返回值应为处理后的 pSrc。MyLTrim 需要将源字符数组中所有字符向左移动。

例如,当输入源串为"\t Hello"时,输出应该得到"Hello"。

main 函数已经给出的程序代码如下:

```
#include <stdio.h>
char * MyLTrim(char * pSrc)
{
    //编写代码
}
int main()
{
    char s[256];
    gets(s);
    puts(MyLTrim(s));
    return 0;
}
```

3. 编写程序(项目名 E07_03,文件名 E07_03.c):设计编写函数 Myhtol,能够将字符串左边的十六进制字符串转换为十进制整数,多余字符则忽略。

Myhtol 的原型为

```
long Myhtol(char * pSrc);
```

例如,当输入源串为"12abxyz"时,输出应该得到"result:4779"(0x12ab=4779)。

main 函数已经给出的程序代码如下:

```
#include <stdio.h>
long Myhtol(char * p)
{
    //编写代码
}
int main()
{
    char s[256];
    gets(s);
```

```
        printf("result:%d\n",Myhtol(s));
        return 0;
}
```

4. 编写程序(项目名 E07_04,文件名 E07_04.c)：设计编写函数 MyAppendString，该函数用来向多字符串后追加一个新的字符串。

C 语言处理中有一种"多字符串"的存储方式，即多个字符串依次连接，中间以'\0'分隔。多字符串本身不保存空串。多字符串以连续两个'\0'表示多字符串结束。例如，图 7-20 所示是一个包含两个字符串的多字符串的例子。串中包含两个子串"Hi"和"Goodbye"。

H	i	\0	G	o	o	d	b	y	e	\0	\0

图 7-20　多字符串

main 函数和多字符串的输出函数 OutputMultiString 已经给出，需要编写的 MyAppendString 的原型也已经给出，当用户输入多个字符串时，程序将这些子串连接成多字符串。

```
#include <stdio.h>
void MyAppendString(char * pMainString,char * pSubString)
{
    //编写代码
}
void OutputMultiString(char * p)
{
    int i=0;
    printf("=============\n");
    while(* p)
    {
        printf("%d.\t%s\n",i++,p);
        while(* p++);
    }
}
int main()
{
    char s[1024]="\0",buf[256];
    printf("请按照每行一个的格式输入多个字符串。空行表示结束。\n");
    while(1)
    {
        gets(buf);
        if(buf[0]=='\0')
            break;
        MyAppendString(s,buf);
    }
    OutputMultiString(s);
    return 0;
}
```

5. 编写程序(项目名 E07_05,文件名 E07_05.c)：编写函数 CountZero,使用列指针寻找矩阵中的零元素的个数。

CountZero 函数的原型为

```
int CountZero(float * f,int row,int column);
```

当传入如图 7-21 所示矩阵时,应返回 11。

main 函数已经给出的程序代码如下：

```
#include <stdio.h>
#define M 10
#define N 10
int CountZero(int * p,int row,int column)
{
    //编写代码
}
int main()
{
    int a[N][M];
    int i,j,row,column,total;
    scanf("%d%d",&row,&column);
    for(i=0;i<row;i++)
        for(j=0;j<column;j++)
        scanf("%d",&a[i][j]);
    total=CountZero(&a[0][0],row,column);
    printf("%d\n",total);
    return 0;
}
```

$$
\begin{array}{cccccc}
1 & 0 & 0 & 0 & 0 & 1 \\
2 & 2 & 2 & 1 & 1 & 0 \\
1 & 1 & 0 & 1 & 0 & 2 \\
0 & 2 & 2 & 2 & 0 & 1 \\
0 & 0 & 2 & 1 & 2 & 1 \\
2 & 1 & 2 & 2 & 1 & 1
\end{array}
$$

图 7-21　题 5 所示矩阵

6. 编写程序(项目名 E07_06,文件名 E07_06.c)：编写函数 fun,使用列指针求矩阵中外围元素的和。

函数 fun 的原型为

```
int fun(int * f,int row,int column);
```

当传入如下矩阵时,应返回 40。

$$
\begin{array}{ccc}
8 & 1 & 6 \\
3 & 5 & 7 \\
4 & 9 & 2
\end{array}
$$

main 函数已经给出的程序代码如下：

```
#include <stdio.h>
#define M 10
#define N 10
int fun(int  * p,int row,int column)
```

```
{
    //编写代码
}
int main()
{
    int a[N][M];
    int i,j,row,column,total;
    scanf("%d%d",&row,&column);
    for(i=0;i<row;i++)
        for(j=0;j<column;j++)
        scanf("%d",&a[i][j]);
    total=fun(&a[0][0],row,column);
    printf("%d\n",total);
    return 0;
}
```

7. 编写程序(项目名 E07_07,文件名 E07_07.c):计算简单的四则运算。所有的四则运算表达式均为"A＋B＝"这样的字符串,其中,A、B 可以为正整数或者正浮点数,且可以为 0。

在以下情况下应反馈用户错误并跳过该表达式的计算:

(1) 错误的四则运算表达式;

(2) 除法时除数为 0。

要求以 main 函数参数形式计算一个或者多个四则运算式。若 main 函数不带有任何参数,则程序应提示用户本程序的使用方法(usage)。

第 8 章

结构体与共用体

8.1 知识点梳理

1. 结构体类型变量的定义、初始化和引用

结构体类型变量的定义和初始化有以下 3 种方法。

方法 1：先声明结构体类型，再定义、初始化结构体变量。

例如：

```
struct student                          /* 声明结构体类型 struct student */
{
    int num;
    char name[20];
};
struct student stu1={20,"wang fei"},stu2;
                                        /* 定义结构体变量 stu1,stu2,初始化 stu1 */
```

方法 2：在声明结构体类型的同时定义、初始化结构体变量。

例如：

```
struct student                          /* 定义结构体类型 struct student */
{
    int num;
    char name[20];
}stu1={20,"wang fei"},stu2;              /* 定义结构体变量 stu1,stu2,初始化 stu1 */
```

方法 3：直接定义、初始化结构体变量。

例如：

```
struct
{
    int num;
    char name[20];
}stu1={20, "wang fei"},stu2;             /* 定义结构体变量 stu1,stu2,初始化 stu1 */
```

引用结构体变量形式：

结构变量名.成员名

例如：

stu2.num=50;   /＊给结构体变量 stu2 的成员 num 赋值 ＊/

2. 结构体数组的定义、初始化和引用

结构体数组的定义、初始化方法与结构体变量类似，也可采用以上 3 种方法。

例如：

```
struct student
{
    int num;
    char name[20];
}stu[30]={1, "wang",2, "li",3, "cheng"};    /＊定义数组 stu 并初始化部分元素＊/
```

引用形式：

结构数组名[下标].成员名

例如：

```
scanf("%d%s",&stu[4].num,stu[4].name);
```
                                /＊输入结构体数组元素 stu[4]的成员 num 和 name 的值 ＊/

3. 结构体指针变量

结构体指针变量的定义方法和结构体变量的定义类似。

例如：

```
struct student
{
    int num;
    char name[20];
}stu1,stu[30],＊p=&stu1;                /＊定义并初始化结构体指针变量 p＊/
```

若结构体指针变量指向了某个同类型变量，就可以使用这个指针变量引用该变量的成员，引用可采用以下两种形式之一。

(1)(＊结构体指针变量名).成员名；

(2)结构体指针变量名->成员名。

例如：

```
(＊p).num
```

或

```
p->num                          /*用结构体指针 p 访问结构体变量 stu1 的成员 num */
```

如果结构体指针变量指向了某个同类型的数组,也可以用这个指针访问该数组中的各元素。

例如:

```
p=stu;                          /*结构体指针 p 指向了同类型的数组 stu */
for(i=0;i<30;i++,p++)           /*用结构体指针 p 访问数组 stu 的每个元素 */
    scanf("%d%s",&p->num,p->name);
```

在函数中,若用结构体指针变量作为函数形参,传递的是地址,则对应实参一定是地址。

例如:

```
void fun(struct student * p)
{
    ...
}
int main()
{
    struct struct s;
    ...
    fun(&s);
    ...
}
```

4. 共用体类型变量的定义与引用

共用体类型变量的定义方法与结构体类型变量的定义基本类似,即可以先定义共用体类型,再定义该类型的变量;也可以在定义共用体类型的同时定义该类型的变量;还可以直接定义共用体类型变量。例如:

```
方法 1: union data
        {   char c;
            int a;
        };
        union data x,y;
方法 2: union data
        {   char c;
            int a;
        }x,y;
方法 3: union
        {   char c;
            int a;
        }x,y;
```

引用共用体变量的形式为：

共用体变量名.成员名

例如：

x.a=2;

5. 枚举类型变量的定义

枚举类型变量的定义方法与结构体变量的定义类似，也可以采用上述 3 种方法。
例如：

```
方法 1：  enum weekday{sun,mon,tue,wed,thu,fri,sat};         /*定义枚举类型*/
          enum weekday a,b;                                  /*定义枚举变量*/
方法 2：  enum weekday{sun,mon,tue,wed,thu,fri,sat}a,b;
方法 3：  enum{sun,mon,tue,wed,thu,fri,sat}a,b;
```

6. 自定义类型名

使用 typedef 自定义类型名的一般形式为：

typedef 原类型名 新类型名；

例如：

```
typedef struct student{
    int num;
    char name[20];
}STU;                  /*给结构体类型定义一个新名字 STU */
STU  stu1,stu2;        /*用新名字 STU 定义结构体变量*/
```

8.2 案例应用与拓展——
应用结构体处理数据

结构体是一种构造类型数据，可以将一批不同类型的数据组合在一起统一管理。由于学生成绩管理程序中的学生信息包括学号、姓名和成绩等多种不同类型的数据，因此为了方便处理，可以通过构造结构体类型表示学生信息。因此，本章可应用结构体处理学生成绩管理程序中的数据，从而简化编程。表示学生成绩信息的结构体类型定义如下。

```
typedef struct {
    int num;            /*学号*/
    char name[20];      /*姓名*/
    float score;        /*成绩*/
}STU;
```

应用结构体处理学生信息可进一步拓展学生成绩管理程序的各项功能。

(1) main 函数：显示主菜单并调用以下函数实现相应功能。

(2) input 函数：实现学生成绩信息的输入功能。具体方法是先输入学生的实际人数，再输入学生的学号、姓名和成绩并保存到数组中。

(3) del 函数：实现删除某个学生的成绩信息的功能。具体方法是先输入一个要删除的学生的学号，然后在保存学生信息的数组中查找该项，若找到，则删除；否则显示找不到。

(4) find 函数：实现查找某个学生的信息的功能。具体方法是先输入一个要查找的学生的学号，然后在保存学生信息的数组中查找，若找到，则显示该项；否则显示找不到。

(5) sort 函数：实现将学生信息按成绩由高到低排序的功能。具体方法是采用冒泡排序法对数组中的值从大到小排序。

(6) display 函数：实现显示学生成绩信息的功能。

此外，程序功能还可以进一步拓展，如计算学生成绩的平均分、找出最低分和最高分、按成绩段统计人数和百分比等，从而使系统功能更加完整。

1. 应用结构体处理学生成绩管理程序中的数据

请认真阅读并分析以下程序，然后在解决方案 C_study 中建立项目 W08_01 和文件 W08_01.c，调试运行程序并观察运行结果。

```c
#include <stdio.h>
#include <stdlib.h>
#include <string.h>
#define   SIZE   80
typedef struct {
    int num;
    char name[20];
    float score;
}STU;                           /*定义表示学生信息的结构体类型*/
void input(STU *,int *);
void del(STU *,int *);
void find(STU *,int );
void sort(STU *,int );
void display(STU *,int );
void menu();
void input(STU *a,int *n)
{
    STU *p;
    int i=1;
    system("cls");              /*清屏*/
    printf("\n请输入学生人数(1-80):");
    scanf("%d",n);
    printf("\n请输入学生信息:");
```

```
    for(p=a;p<a+ * n;p++)
    {   printf("\n%d:",i++);
        scanf("%d%s%f",&p->num,p->name,&p->score);
    }
    system("pause");
}


void del(STU * a,int * n)
{
    int   i,j,k=0;
    STU * p;
    int   num;
    system("cls");                    /* 清屏 */
    printf("\n 请输入要删除的学号:");
    scanf("%d",&num);
    for(i=0,p=a;i< * n;i++)
        if(num==(p+i)->num)           /* 按学号查找 */
        {   k=1;
            for(j=i;j< * n-1;j++)      /* 删除学生信息 */
                * (p+j)= * (p+j+1);
            ( * n)--;
            break;
        }
    if(!k)
        printf("找不到要删除的成绩!\n");
    system("pause");
}


void find(STU * a,int n)
{
    int   k=0;
    int num;
    STU * p;
    system("cls");                    /* 清屏 */
    printf("\n 请输入要查询的学号");
    scanf("%d",&num);
    for(p=a;p<a+n;p++)
        if(num==p->num)               /* 按学号查找 */
        {   k=1;
            printf(" 已找到,是:%d\t%s\t%.1f\n",p->num,p->name,p->score);
            break;
        }
    if(!k)
        printf("找不到!\n");
```

```
        system("pause");
    }


    void sort(STU * a,int n)
    {   int i,j;
        STU t;
        for(i=0;i<n-1;i++)                    /*采用冒泡法按学生成绩排序*/
            for(j=0;j<n-i-1;j++)
                if((a[j].score)<(a[j+1].score))
                { t=a[j];a[j]=a[j+1];a[j+1]=t;}
        printf("\n 输出排序结果:\n");
        for(i=0;i<n;i++)
            printf("%d\t%s\t%.1f\n",a[i].num,a[i].name,a[i].score);
        printf("\n");
        system("pause");
    }


    void display(STU * a,int n)
    {
        STU * p;
        for(p=a;p<a+n;p++)
            printf("%d\t%s\t%.1f\n",p->num,p->name,p->score);
        printf("\n");
        system("pause");
    }


    void menu()
    {
        system("cls");                        /*清屏*/
        printf("\n\n\n\t\t\t     欢迎使用学生成绩管理系统\n\n\n");
        printf("\t\t\t *******************************\n");
        printf("\t\t\t *           主菜单            *\n");            /*主菜单*/
        printf("\t\t\t *******************************\n\n\n");
        printf("\t\t     1  成绩输入      2  成绩删除\n\n");
        printf("\t\t     3  成绩查询      4  成绩排序\n\n");
        printf("\t\t     5  显示成绩      6  退出系统\n\n");
        printf("\t\t     请选择[1/2/3/4/5/6]: ");
    }
    int main()
    {
        int j,num;
        STU student[SIZE];
        while(1)
        {   menu();
```

```
        scanf("%d",&j);
        switch(j)
        {
            case  1:   input(student,&num); break;
            case  2:   del(student,&num); break;
            case  3:   find(student,num); break;
            case  4:   sort(student,num); break;
            case  5:   display(student,num); break;
            case  6:   exit(0);
        }
    }
    return 0;
}
```

2. 拓展练习

仿照上述程序设计并实现通讯录管理程序,通讯录信息包括姓名、电话、通讯地址等,要求应用模块化设计方法,并应用结构体保存和处理通讯录中的相关数据,程序主要菜单和各项功能如下。

```
********************************
*         1—通讯录信息输入       *
*         2—通讯录信息删除       *
*         3—通讯录信息查询       *
*         4—通讯录信息排序       *
*         0—退出               *
********************************
        请输入你的选择(0—4):
```

(1) 通讯录信息输入:输入通讯录管理程序中的相关数据。

(2) 通讯录信息删除:根据输入的主要信息,查找并删除通讯录中的对应记录。

(3) 通讯录信息查询:根据输入的主要信息,查找并显示通讯录中的对应记录。

(4) 通讯录信息排序:对通讯录中的数据按要求排序并输出。

在解决方案 C_study 中,建立项目 W08_02 和文件 W08_02.c,调试、运行程序并观察运行结果。

8.3　编程技能

结构体和共用体是一种复杂的数据结构,正确理解结构体和共用体需要从内存的角度出发。

【例 8-1】　电脑城商户需要管理大量配件,相同的配件具有相同的名称,但是由于进货日期不同,其进价各不相同,商户在销售时需要计算其成本。要求开发一个程序,为电脑城管理上限为 100 个种类的配件表。管理员首先输入配件名称、数量以及进货价格,若输入名称为空,则输入结束,然后开始统计,程序需要分类统计各种配件的平均成本,以决定当日的售价。

分析:根据题目要求可以知道,这个程序的核心是设计一个配件的结构体数组,数组大小为 100。结构体的数据包括名称、库存数量、总成本。这样,可以定义结构体 Object 如下。

```
#define Obj struct Object
Obj{
    char   ObjName[20];              /*名称*/
    int    Stock;                    /*库存数量*/
    float TotalCost;                 /*总成本*/
};
```

上限为 100 种配件即说明该结构体类型可以定义一个有 100 个元素的数组作为存放数据的容器。围绕这个结构体数组需要编写完成进货的 Purchase 函数、完成出货的 Sales 函数和浏览的 Browse 函数。编写的程序如下。

```
#include <stdio.h>
#include <string.h>
#include <stdlib.h>
#define Obj struct Object
Obj
{
    char     ObjName[20];
    int      Stock;
    float    TotalCost;
};
Obj    TotalObj[100];
void    Purchase()                    /*进货函数*/
{
    char     Name[100];
    int      Number,i;
    float    Price;
    printf("   ===   purchase program:   ===\n");
    while(1)
    {
        printf("Input Name, Number, Price.Input Number=0 to quit>");
        scanf("%s%d%f",Name,&Number,&Price);
        if(Number==0)
            break;
        for(i=0;i<100;i++)
        {
            if(strcmp(TotalObj[i].ObjName,Name)==0)
```

```
            break;
        if(TotalObj[i].ObjName[0]=='\0')
        {
            strcpy(TotalObj[i].ObjName,Name);
            break;
        }
    }
    if(i<100)
    {
        TotalObj[i].TotalCost+=Number*Price;
        TotalObj[i].Stock+=Number;
    }
    else
        printf("Too many types.Input again\n");
    }
    printf("Thank's purchase\n");
}
void  Sales()                      /*出货函数*/
{
    char  Name[100];
    int   Number,i;
    float  Price;
    printf("  ===  sales program:  ===\n");
    while(1)
    {
        printf("Input Name, Number, Price.Input Number=0 to quit>");
        scanf("%s%d%f",Name,&Number,&Price);
        if(Number==0)  break;
        for(i=0;i<100;i++)
            if(strcmp(TotalObj[i].ObjName,Name)==0)  break;
        if(i<100)
        {
            if(Number>TotalObj[i].Stock)
            {
                printf("Understock, only left %d ,Input again.\n",
                    TotalObj[i].Stock);
                continue;
            }
            TotalObj[i].Stock-=Number;
            TotalObj[i].TotalCost-=Price*Number;
            if(TotalObj[i].Stock==0)
                TotalObj[i].ObjName[0]='\0';
        }
        else
```

```c
            printf("No find object names %s.\n",Name);
        }
    printf("Thank's Input\n");
}
void  Browse()                        /*浏览函数*/
{
    int    i;
    int    c;
    float  all=0;
    printf("   ===   browse all stock:   ===\n\n");
    printf("%10s%6s%10s%10s\t%10s%6s%10s%10s\n",
        "Name","Stock","Cost","Price","Name"," Stock ","Cost","Price");
    printf("------------------------------------------------\n");
    c=0;
    all=0;
    for(i=0;i<100;i++)
    {
        if(TotalObj[i].ObjName[0]!='\0')
        {
            printf("%10s%6d%10.2f",  TotalObj[i].ObjName,
                TotalObj[i].Stock,TotalObj[i].TotalCost);
            if(TotalObj[i].Stock!=0)
                printf("%10.2f",TotalObj[i].TotalCost/TotalObj[i].Stock);
            else
                printf("%10s","---");
            all+=TotalObj[i].TotalCost;
            if(c++%2==0)
                printf("\t");
            else
                printf("\n");
        }
    }
    printf("\n------------------------------------------------\n");
    printf("Total object(s)=%d\t Total cost=%f\n",c,all);
}
void    ShowMenu()
{
    printf("\n");
    printf("***********************************************\n");
    printf("*                                             *\n");
    printf("*      EASY PURCHASE/SALE/STOCK SYSTEM     *\n");
    printf("*                                             *\n");
    printf("***********************************************\n");
    printf("\n");
```

```
        printf("Select (P)urchase/(S)ale/(B)rowse or (Q)uit to continue:\n");
}
int   main()
{
    while(1)
    {
        ShowMenu();
        flushall();                                    /*清除输入缓冲区*/
        switch(getchar())
        {
        case  'P':
            Purchase();
            break;
        case  'S':
            Sales();
            break;
        case  'B':
            Browse();
            break;
        case  'Q':
            printf("Thanks use\n");
            exit(0);
        default:
            printf("Unrecognise cmd.\n");
        }
    }
    return 0;
}
```

在解决方案 C_study 中建立项目 D08_01 和文件 D08_01.c,输入以上程序,编译正确后,按 F5 键调试程序。在命令提示符界面下输入几组数据,如图 8-1 所示。注意：在输完最后一行的 0 0 0 后不要按 Enter 键。然后在等待输入状态下使用快捷键 Alt＋Tab 切换到 VC2010 环境。

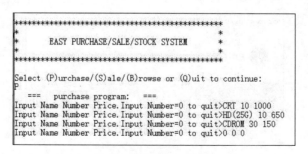

图 8-1　输入测试数据

切换到 VC2010 环境后可以发现，VC2010 正处于执行状态。由于 VC2010 未处于调试中断情况，因此可以发现单步执行的功能按钮都是灰色的，无法使用，如图 8-2 所示。

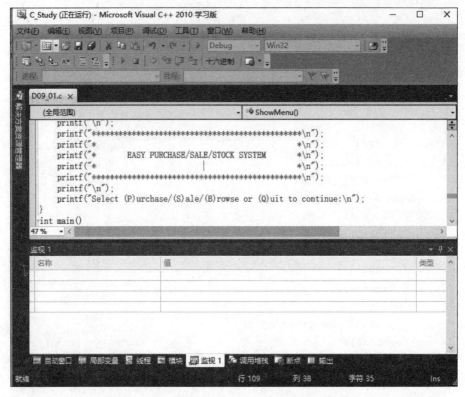

图 8-2　运行状态下的 VC2010 无法直接单步调试

在程序运行状态下使用快捷键 Ctrl＋Alt＋Break 可以中断程序的执行，进入调试状态。程序首先会弹出一个对话框，如图 8-3 所示，表示捕获到了用户的中断信号，单击"确定"按钮后可进入调试状态，如图 8-4 所示。可以发现程序停留在系统代码中，由调用堆栈可以看到（由下往上看）系统使用了 CRTStartup 函数调用了 main 函数，然后 main 函数又调用了 Purchase 函数，而 Purchase 函数又调用了 scanf 函数，而当前代码正停留在 scanf 函数的内部调用过程中。

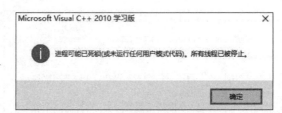

图 8-3　VC2010 捕捉到中断信号

标题栏中当前调试的文件名 osfinfo.c 右侧的"锁"表示现在处于系统库函数内部（系统在等待用户输入的时候被中断），这些代码无法进行调试，因此需要切换到用户代码行。

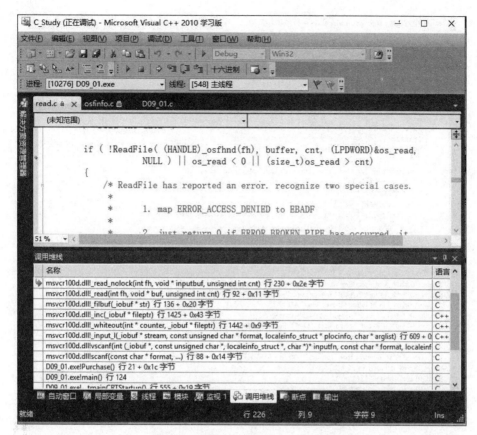

图 8-4　程序停留在系统代码中

双击调用堆栈中的 Purchase 函数,代码窗口会跳转到对应的代码行。可以发现绿色箭头停留在 scanf 函数上,表示程序正执行到 scanf 函数,如图 8-5 所示。

在"监视 1"窗口中输入 TotalObj,观察结构体数组的值,如图 8-6 所示。

注意,TotalObj 的地址和 TotalObj[0] 的地址是相同的。可以在调试工具栏上单击"窗口"按钮,然后选择内存以观察进程当前的内存情况,如图 8-7 所示。内存显示窗口在初始化的时候会显示地址 0x00000000 的内容。可以在地址栏中输入 TotalObj 的地址以观察 TotalObj 在内存的分布,如图 8-8 所示。可以通过拖动"内存"或者"监视"窗口的标题栏拖动这些辅助窗口靠边停放的布局。

"内存 1"窗口的显示分为 3 部分,左边为十六进制表示的地址,中间为十六进制表示的值,右边为对应的 ASCII 码值,如"43 52 54"分别对应于前面输入的 CRT 3 个字符的 ASCII 码,而其后可以看到字符串的结束值 0。从 CRT 开始数 20 个数据(图 8-8 中每行 16 字节,因此 20 个数据恰好是第 2 行的第 4 个字节),就进入了结构体成员 Stock 区域。可以发现,0a 恰好是 10 个 CRT 的十六进制代码。在 VC2010 下,int 类型的整型数据占据 4 字节,按照小头在前的次序放置,则是由 0a 开始的 4 字节(0a 00 00 00)表示数量。

在调试中断的情况下可以修改变量的值。双击 Watch 栏中某变量的值,如 TotalObj[0] 的 Stock 变量的值,可以对其进行修改,尝试改为 30,同时在左侧的内存观察栏中可以看

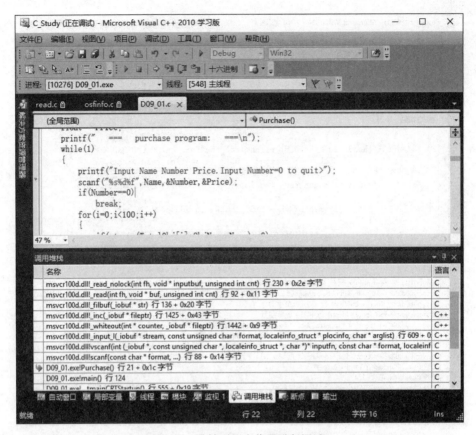

图 8-5　跳转到用户代码进行调试

图 8-6　观察结构体数组的值

到其数值变红,如图 8-9 所示。

　　当然也可以直接通过修改内存改变对应变量的值。如将"43 52 54"中间的一个值修改为 20(20 是空格的十六进制 ASCII 码),可以立即观察到右侧监视区域的变化,如图 8-10所示。

　　按 F5 键或者单击▶按钮可以继续运行程序,退出 Purchase 函数,输入 B,观察输出数据,发现数据确实发生了变化,如图 8-11 所示。

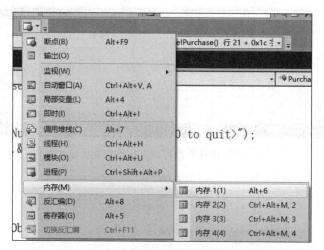

图 8-7　打开内存观察窗口

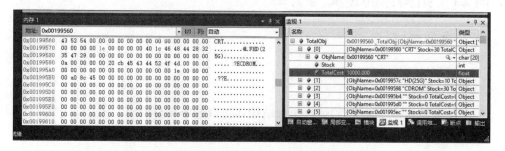

图 8-8　TotalObj 在内存中的存储情况

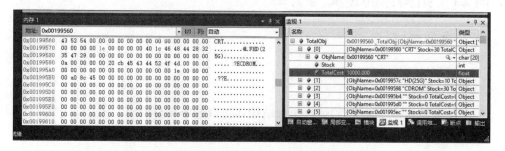

图 8-9　修改变量的值可以观察到其在内存中的变化

图 8-10　修改内存数据可以直接在监视区域观察到

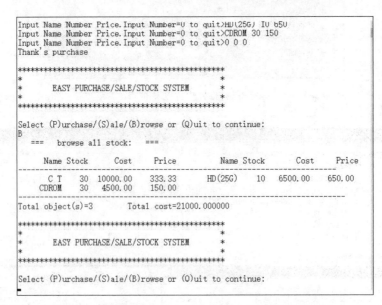

图 8-11　在 VC 中直接改变程序执行过程中的变量的值

8.4　实践训练

实训 21　结构体的定义与引用

一、实训目的

（1）理解结构体类型的概念；

（2）掌握结构体类型的定义；

（3）掌握结构体变量、结构体数组和结构体指针的定义与引用；

（4）掌握结构体的应用。

二、实训准备

（1）复习结构体类型的定义；

（2）复习结构体变量的定义与引用；

（3）复习结构体数组的定义与引用；

（4）复习结构体指针的定义与引用；

（5）复习结构体指针作为函数参数的应用；

（6）阅读编程技能中的相关技能；

（7）认真阅读以下实训内容，完成预习要求中的各项任务。

三、实训内容

以下各题的所有项目和文件都要求建立在解决方案 C_study 中。

1. 程序填空：某班级有若干学生，每个学生的信息包括学号、姓名和三门课程的成绩。要求先输入这些学生的信息，然后计算每个学生的总分并找出所有学生中总分最高的学生的信息。

部分代码如下。

```
#include <stdio.h>
#define N 10
struct student
{
    char num[6];
    char name[10];
    float   score[3];
    float   sum;
};
void find_max(struct student * stu,int * maxi)
{   int i,j;
    * maxi=0;
    for(i=0;i<N;i++)
    {   stu[i].sum=0;
        for(j=0;j<3;j++)                              /* 求每个学生的总分 */
            stu[i].sum+=  (1)  ;
        if(stu[i].sum>stu[* maxi].sum)    (2)  ;
    }
}
int   main()
{   int i,j,max;
    struct student   stu[N];
    for(i=0;i<N;i++)
    {   printf("输入第%d个学生的信息:\n",i+1);
        printf("学号:"); scanf("%s",stu[i].num);
        printf("姓名:"); scanf("%s",stu[i].name);
        printf("成绩:");
        for(j=0;j<3;j++)                              /* 输入学生成绩 */
```

```
            scanf("%f",&stu[i].score[j]);
        }
    find_max(___(3)___);
    printf("学生信息:\n");
    for(i=0;i<N;i++)
    {   printf("%10s%20s",stu[i].num,stu[i].name);
        for(j=0;j<3;j++)
            printf("%10.2f",stu[i].score[j])?;
        printf("%10.2f\n",stu[i].sum);
    }
    printf("\n最高分学生信息:\n%10s%20s",stu[max].num,stu[max].name);
    for(j=0;j<3;j++)
        printf("%10.2f",stu[max].score[j]);
    printf("%10.2f\n",stu[max].sum);
    return 0;
}
```

预习要求：厘清程序思路，将程序补充完整；设计并填充表 8-1 中的测试输入和预测结果。

上机要求：建立项目 P08_01 和文件 P08_01.c，调试运行程序，在表 8-1 中记录实际运行结果并分析结果。

表 8-1　题 1 测试用表

序号	测 试 输 入	预 测 结 果	实际运行结果
1			

2. 程序改错：输入两个复数的值，计算并输出这两个复数的差。

含有错误的代码如下。

```
#include <stdio.h>
struct  comp
{ float re, im; };
void fun(struct comp x,y,z)
{
    z->re=x->re-y->re;
    z->im=x->im-y->im;
}
int main()
{
    struct comp  a,b,c;
    scanf("%f+%fi",a->re,a->im) ;
    scanf("%f+%fi",b->re,b->im) ;
    fun(a,b,c);
```

```
        printf("%f+(%f)i\n",c->re,c->im);
        return 0 ;
    }
```

预习要求：厘清程序思路，找出程序中的错误并改正；设计并填充表 8-2 中的测试输入和预测结果。

上机要求：建立项目 P08_02 和文件 P08_02.c，调试运行程序，在表 8-2 中记录实际运行结果并分析结果。

表 8-2　题 2 测试用表

序号	测试输入	预测结果	实际运行结果
1			

3. 编写程序：输入一批（不超过 1000）居民的基本信息（包括姓名、出生日期、性别、迁入日期），然后对这批居民按出生日期由早到晚进行排序，并找出其中年纪最长者和最幼者的信息，例如：

```
Zhang Ming      1970.10.21  M  1998.9.12
Li Qiang        1974.12.20  M  1993.9.1
Ma Juanjuan     1979.1.1    F  1999.10.1
Zhao Qingqing   1980.2.21   F  1998.9.1
最长者：
Zhang Ming      1970.10.21  M  1998.9.12
最幼者：
Zhao Qingqing   1980.2.21   F  1998.9.1
```

预习要求：画出算法流程图并编写程序；设计并填充表 8-3 中的测试输入和预测结果。

上机要求：建立项目 P08_03 和文件 P08_03.c，调试运行程序，在表 8-3 中记录实际运行结果并分析结果。

提示：① 先定义一个表示日期的结构体，再定义一个表示居民信息的结构体；

② 定义一个用于保存居民信息的结构体数组；

③ 设计本程序时，可依照功能将程序划分为多个函数，例如输入居民信息、输出居民信息、排序等都可用相应函数实现；

④ 用排序算法对居民信息按出生日期由早到晚排序后，可直接找出年纪最长者（排在最前面）和最幼者（排在最后面）的居民。

表 8-3　题 3 测试用表

序号	测 试 输 入	预 测 结 果	实际运行结果
1			

四、常见问题

结构体在应用中的常见问题如表 8-4 所示。

表 8-4　结构体应用常见问题

常见错误实例	常见错误描述	错误类型
struct stu { int num; 　char name[10]; }	定义结构体时,最后必须以分号结束。正确形式: struct stu { int num; 　char name[10]; };	语法错误

struct stu
{ int num;
　char name[10];
}x;
scanf("%d",&x);
printf("%d",x);
	不能直接对结构体变量进行输入/输出操作。正确形式:
	struct stu
	{ int num;
	　char name[10];
	}x;
	scanf("%d%s",&x.num,x.name);
	printf("%d　%s",x.num,x.name);
		逻辑错误

struct stu { int num; 　char name[10]; }x,y; if(x==y)……	不能对两个结构体变量进行比较操作	语法错误
struct stu { int num; 　char name[10]; }x,y; if(x->num==y->num)……	结构体变量不能使用指向运算符->访问其成员,该运算符只适用于结构体指针。正确形式: struct stu { int num; 　char name[10]; }a,b,*x=&a,*y=&b; if(x->num==y->num)……	语法错误
struct stu { int num; 　char name[10]; }x,*p; p->num=1009;	结构体指针必须先赋值,然后才能使用 正确形式: struct stu { int num; 　char name[10]; }x,*p=&x; p->num=1009;	运行错误
struct stu { int num; 　char name[10]; }x,*p=&x; p.num=1009;	结构体指针在访问结构体成员时,不能使用"."运算符。正确形式: struct stu { int num; 　char name[10]; }x,*p=&x; (*p).num=1009;或　p->num=1009;	语法错误

实训 22　结构体的综合应用

一、实训目的

应用所学知识并结合结构体内容，完成一个规模较大、具有一定现实生活情景的设计性实验，以加深对结构体等知识的理解，提高综合应用结构体知识的能力。

二、实训准备

(1) 复习结构体类型的定义；

(2) 复习结构体变量、数组和指针的定义和引用；

(3) 复习结构体数据作为函数参数的用法；

(4) 复习排序、找极值、统计分析等重要算法；

(5) 复习模块化设计方法；

(6) 阅读编程技能中的相关技能；

(7) 认真阅读以下实训内容，完成预习要求中的各项任务。

三、实训内容

本题的项目和文件都要求建立在解决方案 C_study 中。

题目：设计并实现一个小型选秀比赛管理程序。

问题描述：在电视综艺节目中，经常有各种各样的选秀比赛。现假设在某个选秀比赛的决赛现场有若干选手参加角逐。比赛评分的规则为：每位选手有一个编号，当某位选手表演结束后，由 8 名评委当场给选手打分，采用 10 分制；然后去掉一个最高分和一个最低分，将其余分数相加作为该选手的最后得分；所有选手表演完后，根据选手的最后得分从高到低排名(分数相同的选手获得相同的名次)，并当场公布每位选手的姓名、编号、名次和最后得分。

程序功能：编写一个程序，帮助组委会完成决赛的评分排名工作。程序应具有以下基本功能。

(1) 比赛前：录入参赛选手的姓名、编号等信息；

(2) 比赛中：

① 每位选手表演结束后，录入 8 名评委的打分。分值范围为 0~10；

② 计算每位选手的最后得分。

计分方法：去掉一个最高分和一个最低分，对其余求和，即为该选手的最后得分。

(3) 比赛结束后：按选手的最后得分由高到低排序(若分数相同，则名次并列)并输出结果，输出形式如下。

排名	编号	姓名	得分
1	05	王菲	58

2	07	李娜	54
2	09	李萌	54
4	02	王东风	50

...

编程要求：采用模块化设计方法，要求应用结构体数组处理和保存选手信息。程序的主要功能以如下所示的菜单显示，然后根据用户输入的选项执行相应的操作。

```
评  分  系  统
1  录入选手信息
2  录入并统计选手得分
3  输出比赛结果
4  退出系统
请选择(1-4)：
```

预习要求：画出算法流程图并编写程序；设计并填充表 8-5 中的测试输入和预测结果。

上机要求：建立项目 P08_4 和文件 P08_4.c，调试运行程序，在表 8-5 中记录实际运行结果并分析结果。

提示：

① 根据程序功能要求划分为若干模块，每个模块可以用一个或多个函数实现；

② 菜单设计和程序架构可参照第 6 章的实训 15；

③ 录入选手信息前，先定义一个包含选手编号、姓名、得分、名次信息的结构体数组，然后录入选手的编号和姓名；

④ 录入并统计选手得分时，先录入每个评委的打分；然后找出一个最大值和一个最小值；最后求其余分数之和并保存到结构体数组中；

⑤ 输出比赛结果时，先对结构体数组中各元素的得分项从大到小排序；然后根据排序结果统计每位选手的名次并保存到结构体数组的相应成员中；最后按照排名输出结果。

表 8-5　测试用表

序号	测 试 输 入	预 测 结 果	实际运行结果
1			

练　习　8

完成以下课后练习，各题的所有项目和文件都要求建立在解决方案 C_study 中。

1. 程序填空（项目名 E08_01，文件名 E08_01.c）：从键盘输入 5 个人的年龄、性别和姓名，然后输出所有信息。

部分代码如下：

```
#include <stdio.h>
struct man
{   char name[20];
    unsigned age;
    char sex[7];
};
void data_in(struct man * , int);
void data_out( struct man * ,int);
int main( )
{
    struct man person[5];
    data_in(person,5);
    data_out(person,5);
    return 0;
}
void data_in(struct man * p, int n)
{   struct man * q =  (1)  ;
    for(;p<q;p++)
    {   printf("age:sex:name" );
        scanf("%u%s", &p->age,p->sex);
         (2)  ;
    }
}
void data_out( struct man * p,int n)
{   struct man * q=  (3)  ;
    for(;p<q;p++)
        printf("%s\t%u\t%s\n",p->name,p->age,p->sex);
}
```

2. 程序填空(项目名 E08_02,文件名 E08_02.c)：已知 3 个人的姓名和年龄,输出其中年龄居中者的信息。

部分代码如下：

```
#include <stdio.h>
struct  man
{   char  name[20];
    int  age;
}person[]={"li", 8, "wang",19, "zhang",20};
int main()
{   int i,max,min;
    max=min=person[0].age;
    for(i=1;i<3;i++)
        if(person[i].age>max)  (1)  ;
        else  if(person[i].age<min)  (2)  ;
    for(i=0;i<3;i++)
```

```
            if(person[i].age!=max    (3)    person[i].age!=min)
            {   printf("%s  %d\n", person[i].name, person[i].age);
                break;
            }
        return 0;
    }
```

3. 程序填空(项目名 E08_03,文件名 E08_03.c):按照以下规定将明码转换为暗码,其余字符不变。明码和暗码的对照关系如表 8-6 所示。

表 8-6　明码和暗码的对照关系

明码	a	b	z	d
暗码	d	z	a	b

例如,若明码为 abort,zap123,则相应的暗码为 dzort,adp123。

部分代码如下:

```
#include <stdio.h>
typedef  struct
{ char   real,code; }ENCODE_TAB;
void encode(char * , char * );
int main()
{   char   s[80],t[80];
    scanf("%s",s);
    encode(s,t);
    printf("output: %s",t);
    return 0;
}
void encode(char * s, char * t)
{   ENCODE_TAB tab[]={'a','d','b','z','z','a','d','b','\0','\0'};
    ENCODE_TAB * p;
    char   ch;
    while(   (1)   )
    {   for(   (2)   ;ch!=p->real&&   (3)   ;p++);
        if(ch!=p->real) * t++=ch;
        else    (4)   ;
    }
       (5)   ;
}
```

4. 编写程序(项目名 E08_04,文件名 E08_04.c):输入某个时间,然后在屏幕显示 1 秒后的时间。显示格式为 HH:MM:SS。例如,

输入:10:20:10;输出:10:20:11

要求处理以下 3 种特殊情况:

① 若秒数加 1 后为 60,则秒数恢复到 0,分钟数增加 1;

② 若分钟数加 1 后为 60,则分钟数恢复到 0,小时数增加 1;

③ 若小时数加 1 后为 24,则小时数恢复到 0。

5. 编写程序(项目名 E08_05,文件名 E08_05.c):输入两个复数,然后实现复数的加法、减法、乘法运算功能。

6. 编写程序(项目名 E08_06,文件名 E08_06.c):已知某高校某专业第三学期共开设 10 门课程,如表 8-7 所示。课程的学时有 32、48、64、80 4 种,分别对应的学分为 2、3、4、5。课程考试采用百分制。学生选修某门课程时,成绩必须不低于 60 分才能拿到相应学分。在本学期内,只有获得全部学分的同学才可以参加综合测评。

要求:输入该专业本学期所有学生各门课程的成绩,然后对有资格参加综合测评的学生按所有成绩的均分从高到低排序输出。

表 8-7 某专业第三学期课程

课　　程	学时	课　　程	学时	课　　程	学时
口语	80	英文写作	64	项目数学	32
数据库理论	48	控制理论	48	模拟电子	48
数字电路	48	电路分析	48	数据结构	64
操作系统	48				

第**9**章

动态数组与链表

9.1 知识点梳理

1. 动态内存分配

动态内存分配是指程序在执行时对内存的操作。有时在编程阶段无法确定数组的大小,程序在执行过程中才能确定需要多少内存存储数据,系统为此提供了一组内存操作函数,允许程序在执行时申请内存或释放内存。

内存分配函数。内存分配函数主要有 3 种。malloc 函数用来分配指定多个字节的内存,calloc 用来分配多个单元大小相同的内存,realloc 函数可以修改由 malloc 或 calloc 函数分配的内存大小。内存分配函数的返回值都是内存地址,使用前需要强制转换为需要的指针类型。内存分配的申请并不是必然成功的,严谨的程序设计应检查内存分配函数的返回值。

内存释放函数。free 函数用来释放由内存分配函数申请的内存。

注意:内存分配函数和内存释放函数必须成对使用。

内存泄露。程序在执行过程中动态申请了内存,但是却没有释放。这样这部分内存将始终处于被占用状态。若含有该类问题的程序被反复执行,则计算机内存资源会慢慢消耗光,将产生严重问题。内存泄露是程序员应力求避免的严重错误。

2. 动态数组和链表的相关概念

动态数组。动态数组是相对于静态数组而言的,静态数组的长度是预定义好的,在整个程序中,一旦给定了数组大小就无法改变,而动态数组则不然,它可以根据程序需要在程序运行时指定数组的大小。动态数组是一种动态数据结构。

链表。链表是一种动态数据结构。链表由多个节点(链节)组成,节点之间通过指针相互连接。

节点。链表的节点(链节)是一种结构体,本身包含了每个节点的数据(数据域)和指向下一个节点的指针(指针域)。

头节点,尾节点。链表的第一个节点为头节点,最后一个节点为尾节点。显然,当链表中只有一个节点时,头节点等于尾节点。尾节点的指针域为空(NULL)。

头指针，尾指针。指向头节点的指针是头指针，指向尾节点的指针是尾指针。显然，当链表中只有一个节点时，头指针指向的地址等于尾指针指向的地址。

　　空链表。一个节点都没有的链表称为空链表。显然，空链表没有头节点和尾节点，且其头指针和尾指针均为空（NULL）。

3. 链表的基本操作

　　链表的创建。链表在初始化时应为空链表，创建时应通过内存分配函数动态地分配每个节点的内存地址，然后维护链表中每个节点的指向关系。

　　链表的遍历。链表的遍历是指按照链表节点指针的指向，依次访问每个节点上的数据。在常见的单向链表中，节点的指向是单向的，因此从链表上游开始可以遍历到链表下游的数据，而由链表下游的数据无法访问到链表上游的数据。遍历可以使用循环或递归进行。

　　链表的释放。链表不再使用时应逐个节点释放，以免产生内存泄露。

　　链表关系的维护。在对链表每个节点中的数据进行插入、排序、删除等操作时，往往不需要修改链表节点的内容，只需要调整链表节点的位置。

9.2　案例应用与拓展——应用链表处理数据

　　如上所述，链表是一种动态数据结构。所谓"动态"，是指系统在程序执行过程中才会给这种结构数据分配存储空间。与此相对的是"静态"数据结构，即这种数据结构在程序编译时分配相应的存储空间。在第 6 章的案例部分，由于使用了数组这种"静态"数据结构保存学生成绩管理程序中的学生信息，因此事先需要定义一个足够大的数组。这样处理有一定的局限，一方面，若数组定义得太大，则会造成存储空间的浪费；反之，若数组定义得太小，则可能无法保存所有学生的信息。解决这个问题的方法就是采用链表这种动态数据结构处理和保存学生信息。按照学生成绩的基本信息，链表节点结构的设计如下。

```
typedef struct{                          /*表示学生数据信息*/
  int    num;
  char   name[20];
  float score;
}DATA;
struct s{                                /*链表节点结构*/
  DATA date;                             /*数据域*/
  struct s* next;                        /*指针域*/
};
```

应用动态链表处理学生信息可进一步拓展学生成绩管理程序的各项功能。

　　（1）input 函数：实现学生信息的输入功能。具体方法是输入学生信息并保存到新节点中，然后将新节点连接到链表中，从而完成链表的创建。

（2）del 函数：实现删除某个学生信息的功能。具体方法是在链表中找的要删除的节点，然后将该节点从链表中删除。

（3）find 函数：实现查找某个学生信息的功能。具体方法是先输入一个要查找的学生的学号，然后在链表中找到与此相对应的学生信息并显示出来。

（4）sort 函数：实现将学生信息按成绩由高到低排序的功能。具体方法可采用选择排序法。注意，在交换节点信息时，只能交换节点数据域的值，而不能改变前后节点的连接关系。

（5）display 函数：实现显示学生信息的功能。具体方法是从链表头开始依次遍历链表中的每个节点并显示信息。

1. 应用动态链表处理学生成绩管理程序中的数据

请认真阅读并分析以下程序，然后在解决方案 C_study 中建立项目 W09_01 和文件 W09_01.c，调试运行程序并观察运行结果。

```c
#include <stdio.h>
#include <stdlib.h>
#include <string.h>
typedef struct{
    int    num;
    char   name[20];
    float score;
}DATA;
struct s{                                    /*定义链表节点*/
    DATA date;                               /*数据域*/
    struct s* next;                          /*指针域*/
};
typedef struct s STU;                        /*定义节点类型名为 STU*/
STU* input();
STU* del(STU*);
void find(STU*);
STU* sort(STU*);
void menu();
STU* input()                                 /*输入学生信息并创建链表*/
{
    STU *p1,*h=NULL,*p2;
    int n,i;
    system("cls");                           /*清屏*/
    printf("\n请输入学生人数(1-80):");
    scanf("%d",&n);
    printf("\n请输入学生信息:");
    for(i=1;i<=n;i++)
    {   p1=(STU*)malloc(sizeof(STU));
```

```
        printf("\n%d:",i);
        scanf("%d%s%f",&p1->date.num,p1->date.name,&p1->date.score);
        if(i==1) h=p1;
        else p2->next=p1;
        p2=p1;
    }
    p2->next=NULL;
    system("pause");
    return h;
}


STU * del(STU * h)                              /*删除学生信息*/
{
    int   k=0;
    STU * p1,* p2;
    int   num;
    system("cls");                              /*清屏*/
    if(h==NULL) return h;
    printf("\n请输入要删除的学号:");
    scanf("%d",&num);
        for(p1=h;p1!=NULL;p1=p1->next)
            if(num==p1->date.num)               /*查找*/
                break;
            else
                p2=p1;
        if(p1)
        {   if(p1==h)
                h=p1->next;
            else
                p2->next=p1->next;
            printf("删除成功\n");
            free(p1);
        }
    else
        printf("找不到要删除的成绩!\n");
    system("pause");
    return h;
}
void find(STU * h)                              /*查找学生信息*/
{
    int   k=0;
    int num;
    STU * p;
    system("cls");                              /*清屏*/
```

```c
    if(h==NULL) return;
    printf("\n请输入要查询的学号");
    scanf("%d",&num);
    for(p=h;p;p=p->next)
        if(num==p->date.num)                        /*查找*/
        {   printf("已找到: ");
            printf("%d\t%s\t%.1f\n",p->date.num,p->date.name,
                p->date.score);
            break;
        }
    if(p==NULL)
        printf("找不到!\n");
    system("pause");
}


STU * sort(STU * h)                                 /*按成绩排序*/
{   DATA t;
    STU * p1,* p2;
    for(p1=h;p1->next;p1=p1->next)
        for(p2=p1->next;p2;p2=p2->next)
                if((p1->date.score)<(p2->date.score))
                {   t=p1->date;
                    p1->date=p2->date;
                    p2->date=t;
                }
    printf("\n输出排序结果:\n");
    for(p1=h;p1;p1=p1->next)
        printf("%d\t%s\t%.1f\n",p1->date.num,p1->date.name,
                p1->date.score);
    printf("\n");
    system("pause");
    return h;
}
void display(STU * h)                               /*显示所有信息*/
{
    STU *p;
    for(p=h;p;p=p->next)
        printf("%d\t%s\t%.1f\n",p->date.num,p->date.name,p->date.score);
    printf("\n");
    system("pause");
}
void menu()
{
    system("cls");                                  /*清屏*/
```

```
        printf("\n\n\n\t\t\t        欢迎使用学生成绩管理系统\n\n\n");
        printf("\t\t\t **********************************\n");
        printf("\t\t\t *                 主菜单              * \n");              //主菜单
        printf("\t\t\t **********************************\n\n\n");
        printf("\t\t        1  成绩输入        2  成绩删除 \n\n");
        printf("\t\t        3  成绩查询        4  成绩排序 \n\n");
        printf("\t\t        5  显示成绩        6  退出系统 \n\n");
        printf("\t\t            请选择[1/2/3/4/5/6]: ");
}
int main()
{
    int j;
    STU * h;
    while(1)
    {   menu();
        scanf("%d",&j);
        switch(j)
        {
            case  1:   h=input(); break;
            case  2:   h=del(h); break;
            case  3:   find(h); break;
            case  4:   h=sort(h); break;
            case  5:   display(h); break;
            case  6:   exit(0);
        }
    }
    return 0;
}
```

2. 拓展练习

仿照上述设计并实现通讯录管理程序,通讯录信息包括姓名、电话、通讯地址等,要求应用模块化设计方法,并应用动态链表保存和处理通讯录中的相关数据,程序的主要菜单和各项功能如下。

```
**********************************
*         1—通讯录信息输入      *
*         2—通讯录信息删除      *
*         3—通讯录信息查询      *
*         4—通讯录信息排序      *
*         0—退出              *
**********************************
        请输入你的选择(0—4):
```

(1) 通讯录信息输入:输入通讯录管理程序中的相关数据并创建链表。

（2）通讯录信息删除：根据输入的信息找到链表中的对应节点并删除该节点。

（3）通讯录信息查询：根据输入的信息找到链表中的对应节点并显示该节点数据域的值。

（4）通讯录信息排序：对链表中的节点数据按要求排序并输出。

在解决方案 C_study 中建立项目 W09_02 和文件 W09_02.c，调试、运行程序并观察运行结果。

9.3 编 程 技 能

9.3.1 动态内存分配

【例 9-1】 建立动态的学生档案信息。一条学生记录包括以下信息：

学号(long)，姓名(char[10])，成绩(score)，出生城市(char[16])

可以根据这些信息构造一个结构体。这个结构体定义可以存放在名为 student.h 的头文件中，这样其他文件在需要使用该学生定义时可以将该头文件放在源文件目录中，然后通过 #include "student.h" 直接引用之前的定义。头文件 student.h 中的代码如下。

```c
struct STU
{
    long ID;
    char Name[32];
    int  Score;
    char country[32];
};
#define Stu struct STU
```

当无法确定数组大小时，可以在程序执行时通过动态内存分配获取有效空间。例如，以下程序通过动态内存分配建立动态的学生档案信息。

```c
#include <stdio.h>
#include <malloc.h>
#include "student.h"
int main()
{
    int i,n;
    Stu * ps, * p;
    scanf("%d",&n);
    ps=(Stu * )calloc(n,sizeof( Stu));
    for(i=0;i<n;i++)
        scanf("%d%s%d%s",&((ps+i)->ID),(ps+i)->Name,
            &((ps+i)->Score),(ps+i)->country);
    p=ps;
```

```
        for(i=1;i<n;i++)
            if((ps+i)->Score>p->Score)
                p=ps+i;
        printf("%s",p->country);
        free(ps);
        return 0;
    }
```

在解决方案 C_Study 中创建名为 D09_01 的空项目,创建完毕后,右击 D09_01 项目名称,选择"添加新项目"命令后选择头文件,然后输入 student. h,如图 9-1 所示,之后录入前述头文件的内容。创建头文件后可继续创建源文件 D09_01. C 并录入前述源代码。二者均创建完毕后,解决方案应如图 9-2 所示。

图 9-1　创建头文件 sutdent. h

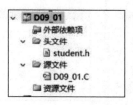

图 9-2　创建头文件 sutdent. h 及源文件 D09_01. C

编译后需要清查所有错误,修正后再进入调试状态。

在程序第 7 行 calloc 语句处按 F9 键设置一个断点,然后按 F5 键开始调试,在程序要求输入学生数时输入 5,表示仅用 5 名学生的数据进行测试。当程序执行到 calloc 时将暂停,在"监视 1"窗口中增加 ps 指针,观察 ps 指针的变化。可以发现在执行 calloc 之前,ps 指针的值为 0xcccccccc,表示该指针未经初始化。当按 F10 键执行本行代码后,系统将分配内存地址给 ps 指针,变量的变化以红字突出显示。可以同时打开内存栏观察 ps 内存的值的变化。使用快捷键 Alt+6 可以打开"内存 1"窗口。在"内存 1"的地址栏中输入 ps 的值可以看到当前 ps 所指向的内存数据。拖曳"内存 1"窗口的边框使内存数据每行恰好显示 16 字节,如图 9-3 所示。

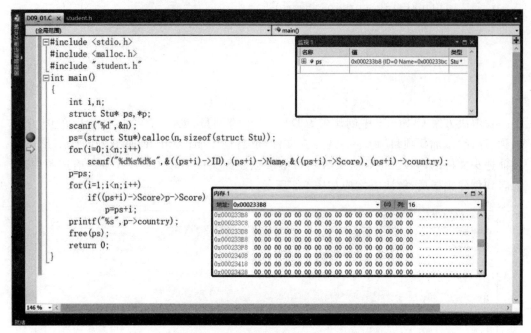

图 9-3　同时观察指针的值和指针指向的内存情况

在程序中的 p＝ps 行上右击,在菜单中选择"运行到光标处"命令或者直接使用快捷键 Ctrl＋F10 让程序执行到这行时停下,如图 9-4 所示。在程序提示输入数据时,输入准备好的测试数据,如图 9-5 所示。

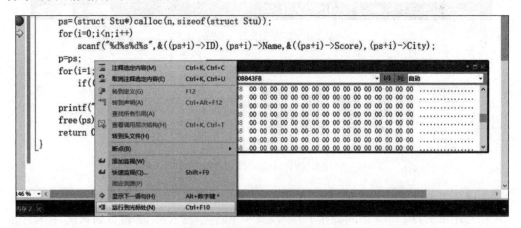

图 9-4　快速执行跳过部分代码

```
5
1001 Jim 338 Brazil
1002 Zhang 345 China
1003 Peter 329 Russia
1004 Dheeraj 355 Indea
1005 Junior 341 SouthAfrica
```

图 9-5　测试数据

当程序暂停时,可以发现 ps 指针分配到的内存已经存放了用户数据,如图 9-6 所示。

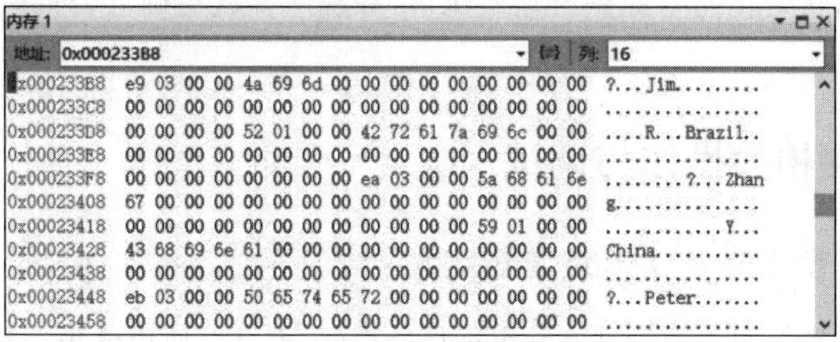

图 9-6　输入数据后的内存映像

当输入较大的学生数 n 时,计算机会为程序分配较大的内存。如输入 10000000,在分配内存前打开任务管理器,可以发现 D09_01 的内存使用量仅为 10MB,如图 9-7(a)所示,而在 VC2010 中执行内存分配语句后,内存使用量增加到近 700MB。额外的内存分配就是程序中使用动态内存分配所消耗的内存,如图 9-7(b)所示。

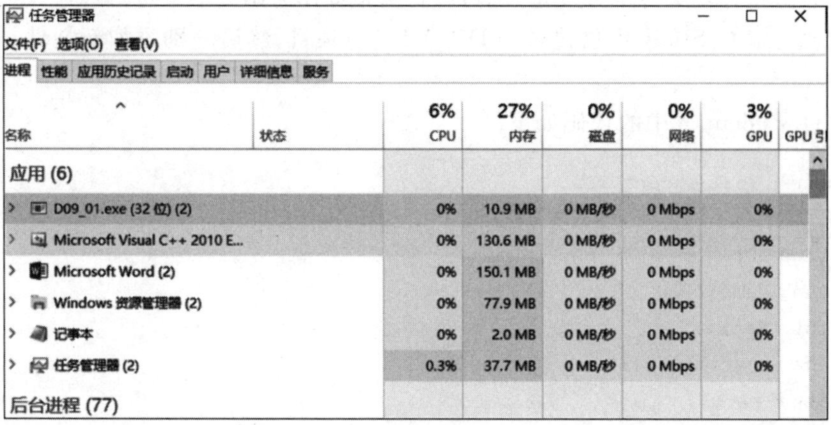

(a) 内存分配前

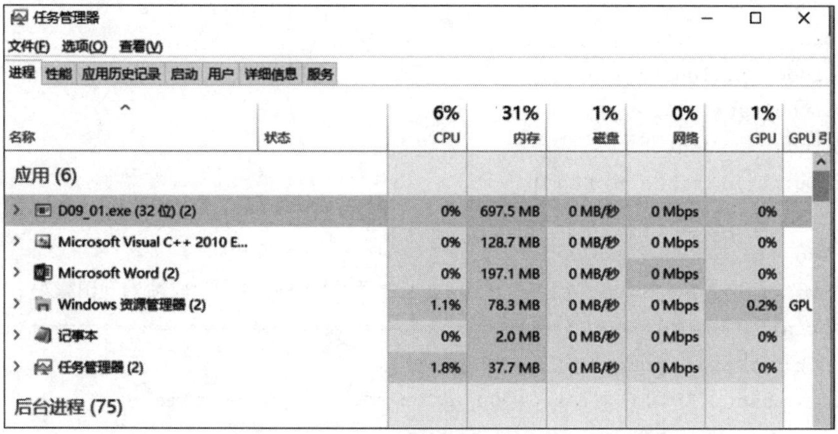

(b) 内存分配后

图 9-7　内存分配前后对比

在反复调试程序时,每次都输入学生的相关信息较为烦琐,也容易输入错误。可以在程序中采用数组初始化的方式先给数组赋值,等程序调试正确后,再修改为 scanf 输入模式。

9.3.2 链表相关操作与调试

1. 节点类型定义及头节点变量定义

针对例 9-1,除了可以使用动态数组进行处理外,也可以使用链表这种动态的数据结构。由于链表的动态创建需要使用动态内存分配函数 malloc 或 calloc 为之分配内存,因此在使用此类函数时均需要包含文件 malloc. h。通常,内存分配函数的返回值都是指针,如果动态内存分配成功,则这些指针将指向内存中有效的可供使用的地址,直到内存释放,因此必须保存这些指针。通常通过一个特殊的头节点(head)保存第一个指针,其他有效节点指针可以通过链节点的指针域保存。当链表需要为多个函数所存取时,可以将头节点或者头指针定义为全局变量,也可以将头指针作为函数形参进行传递。

在解决方案 C_Study 中创建名为 D09_02 的空项目,然后分别添加新文件 student. h 和 D09_02. c。

头文件 student. h 中的代码如下。

```
#define  Stu  struct STU
Stu{
    long ID;
    char Name[32];
    int  Score;
    char country[32];
    Stu * pnext;
};
```

D09_02. c 文件中的部分代码如下。

```
#include <stdio.h>
#include <malloc.h>
#include <string.h>
#include "student.h"
void OutputList(Stu * pHead)
{
    Stu * p;
    printf("%10s  %10s  %10s  %10s\n", "学号", "姓名", "成绩", "国籍");
    printf("=============================================\n");
    for(p pHead->pnext; p; p =p->pnext)
        printf("%10d  %10s  %10d  %10s\n", p->ID, p->name,
                p->Score, p->Country);
    system("pause");
```

```
}
int main()
{
    Stu Boys, Girls, * p;
    int choice;
    char StuName[256];
    Boys.pnext =Girls.pnext =NULL;
    while (1)
    {
        DrawMenu();
        scanf("%d", &choice);
        switch (choice)
        {
            case 1:
                CreateNewList(&Boys);
                break;
            case 2:
                CreateNewList(&Girls);
                break;
            case 3:
                printf("请输入插入点学生姓名:");
                scanf("%s", StuName);
                p = (Stu *)malloc(sizeof(Stu));
                printf("请输入新插入学生的信息:");
                scanf("%d%s%d%s", &p->ID, p->name, &p->Score,
                    p->Country);
                if(FindOnName(&Boys, StuName)!=NULL)
                    InsertOnName(&Boys, StuName, p);
                else if(FindOnName(&Girls, StuName)!=NULL)
                    InsertOnName(&Girls, StuName, p);
                else
                    free(p);
                break;
            case 4:
                printf("请输入删除学生的姓名:");
                scanf("%s", StuName);
                if((p =FindOnName(&Boys, StuName))!=NULL)
                    DeleteNode(&Boys, p);
                else if(( =FindOnName(&Girls, StuName))!=NULL)
                    DeleteNode(&Girls, p);
                else
                    printf("找不到指定学生 %s\n", StuName);
                    break;
            case 5:
```

```
                OutputList(&Boys);              //指定输出链表是男生
                break;
            case 6:
                OutputList(&Girls);             //指定输出链表是女生
                break;
            case 0:
                exit(-1);
        }
    }
    return 0;
}
void DrawMenu()
{
    system("cls");
    printf("   =======  选择链表操作   ============\n");
    printf("0.退出.\n");
    printf("1.创建/添加男生信息.\n");
    printf("2.创建/添加女生信息.\n");
    printf("3.在指定学生顺序后插入学生.\n");
    printf("4.删除学生.\n");
    printf("5.输出全部男生.\n");
    printf("6.输出全部女生.\n\n\n");
    printf("   请选择:");
}
```

2. 向链表中增加节点

向链表中增加一个节点有多种方法,可以在链表的末尾(AppendList)增加,也可以在链表的头(InsertHead)增加。显然,若插入点在链表的头或尾,则只需要传入要插入的数据即可;若插入点在链表中间,则还需要指定插入点的位置。如果节点的插入位置是在链表尾,则可以按照以下算法进行:首先找到链表的尾节点,使链表的尾节点的连接域指向新节点,然后让新节点的连接域指向 NULL(表示链表终止),注意,此时新节点已经变成了尾节点。

D09_02.c 文件中增加节点的代码如下。

```
void InsertHead(Stu* pHead,Stu* theNode)      //插入在链表头
{
    theNode->pnext=pHead->pnext;
    pHead->pnext=theNode;
}
void AppendList(Stu* pHead,Stu* theNode)      //插入到链表尾
{
    Stu* p;
    for(p=pHead;p->pnext;p=p->pnext)
```

```
            ;
        theNode->pnext=p->pnext;                //实际上就是 NULL
        p->pnext=theNode;
}
void InsertOnName(Stu * pHead,char * name ,Stu * theNode)
{
    Stu * p;
    //根据姓名查找插入点位置
    for(p=pHead->pnext;p;p=p->pnext)
        if(strcmp(p->name,name)==0)
            break;
    if(p)                        //找到待插入的节点,将待插入节点 theNode 插入到 p 后面
    {
        theNode->pnext=p->pnext;
        p->pnext=theNode;
    }
    else
        printf("Error:No found name(%s)\n",name);
}
```

3. 输入链表数据

通常,在向链表输入数据前并不知道链表中共有多少个节点,需要通过某一个截止标志终止。

D09_02.c 文件中输入链表数据的代码如下。

```
void CreateNewList(Stu * pHead)
{
    Stu * p;
    while(1)
    {
        p=(Stu * )malloc(sizeof(Stu));
        scanf("%d%s%d%s",&p->ID,p->name,&p->Score,p->Country);
        if(p->ID==0)
            break;
        AppendList(pHead,p);
    }
    free(p);
}
```

4. 链表的遍历

有时需要对链表中的所有元素进行操作,例如查询、求和等操作,这类操作称为遍历。如果是按从表头到表尾的顺序,则称为顺序遍历,反之称为逆序遍历。常见的遍历算法使

用循环遍历,如前述的 OutputList。

链表的遍历也可以使用递归的方法。如要求按链表的逆序输出,使用循环就难以做到,但可以通过递归实现。

D09_02.c 文件中遍历链表的代码如下。

```
void PrintAllNode(STU * p)
{
    if(p==NULL)
        return;
    PrintAllNode(p->next);
    printf("%d\t%s\t%d\t%s\n",p->ID,p->Name,p->Score,p->City);
}
```

遍历的一个典型应用就是查找,例如根据姓名查找节点。下面的代码是从链表头开始查找,找到就终止循环,若没有找到,则 p 恰好也指向了 NULL,因此在结束的时候直接返回 p 指针即可。

D09_02.c 文件中查找节点的代码如下。

```
Stu *  FindOnName(Stu * pHead,char * name)
{
    Stu * p;
    for(p=pHead->pnext;p;p=p->pnext)
        if(strcmp(p->name,name)==0)
            break;
    return p;
}
```

5. 链节的删除与链表的释放

有时需要从链表中"拆除一环",即删除一个链节,类似于插入节点。直接删除链节将破坏链表节点的关系,因此在删除节点前需要先维护链表关系,找到节点的前一个节点。

D09_02.c 文件中删除链节的代码如下。

```
void  DeleteNode(Stu * pHead,Stu * theNode)
{
    Stu * p;
    for(p=pHead;p->pnext;p=p->pnext)
        if(p->pnext==theNode)
            break;
    if(p->pnext!=NULL)
        p->pnext=theNode->pnext;
    if(theNode!=NULL)
        free(theNode);
}
```

释放整个链表时,可以从链表头开始逐个释放。在释放过程中需要保持剩余链节的关系。

D09_02.c文件中释放链表的代码如下。

```
void  freeList(Stu* pHead)
{
    Stu* p;
    while(pHead->pnext)
    {
        p=pHead->pnext;
        pHead->pnext=p->pnext;
        free(p);
    }
}
```

9.4 实 践 训 练

实训 23　动态数组及链表的创建

一、实训目的

(1) 掌握动态内存分配的操作与调试;
(2) 掌握链表的创建和输出操作。

二、实训准备

(1) 复习内存动态分配和释放函数的使用方法;
(2) 复习两个随机函数的使用方法;
(3) 复习动态数组和链表的概念;
(4) 复习链表的基本操作;
(5) 阅读编程技能中的相关技能;
(6) 认真阅读以下实训内容,完成预习要求中的各项任务。

三、实训内容

以下各题的所有项目和文件都要求建立在解决方案 C_study 中。

1. 程序填空:以下程序的功能是输入整型数 m 和 n,程序根据用户输入的 n 的值动态分配一个 $n\times n$ 的二维数组,将 $1\sim m$ 这 m 个数随机分配到这个 $n\times n$ 空间中,并输出整个数组。在内存使用完毕后释放。对于过大的 n 值,有可能导致内存分配失败,程序对此进行了检查。

部分代码如下。

```c
#include <stdio.h>
#include <stdlib.h>
#include <malloc.h>
#include <time.h>
int main()
{
    int n,m,i,j,c;
    int   * p;
    while(1)
    {
        printf("输入 n 和 m 的值,以逗号隔开。例如 4,9");
        scanf("%d,%d",&n,&m);
        if(n * n<m)
        {
            printf("m 值过大,请重新输入\n");
                (1)     ;
        }
        p=    (2)    ;
        if(p!=NULL)
            break;
        printf("内存不足,请重新输入\n");
    }
    for(i=0;i<n * n;i++)
        * (p+i)=0;
    srand(time(0));
    for(i=1;i<=m;i++)
    {
        do{
            c=rand()%(n * n);
        }while(* (p+c)!=0);
            (3)     ;
    }
    for(i=0;i<n;i++)
    {
        for(j=0;j<n;j++)
            printf("%4d",    (4)    );
        printf("\n");
    }
    free(p);
    return 0;
}
```

预习要求:厘清程序思路,将程序补充完整;填充表 9-1 中的预测结果。

上机要求:建立项目 P09_01 和文件 P09_01.c,调试运行程序,使用不同的 m 和 n 值测试程序的运行结果,在表 9-1 中记录实际运行结果并分析结果。

表 9-1 题 1 测试用表

序号	m 和 n 的值	测试说明	预测结果	实际运行结果
1	10,5	正常的 m 和 n 的值		
2	0,5	数组中一个随机数都没有		
3	99,10	极拥挤数组		
4	100,10	满数组		
5	101,10	测试数组溢出	应该出现异常	
6	100,1000000	极大数组,测试内存不足	应提示内存分配不足	

2. 程序填空:以下程序的功能是利用两个链表 a 和 b 保存 n 个 2~1000 的随机正整数的质数和合数,然后分别输出质数表和合数表。

部分代码如下。

```
#include <stdio.h>
#include <stdlib.h>
#include <time.h>
#include <malloc.h>
struct NODE
{
    int data;
    struct NODE * pnext;
};
typedef struct NODE Node;
void  insert_to_list(Node * phead,int data)
{
    Node * p;
    for(p=phead;p->pnext;p=p->pnext)
        ;
    p=p->pnext=_____(1)_____;
    p->pnext=NULL;
    p->data=data;
}
int main()
{
    Node  a,b,* p;
    int    n,i,d,j;
    a.pnext=b.pnext=NULL;
    scanf("%d",&n);
    srand(time(NULL));
    for(i=0;i<n;i++)
```

```
    {
        d=_____(2)_____;
        for(j=2;j<d;j++)
            if(d%j==0)
                break;
        if(j<d)
            insert_to_list(&b,d);
        else
            insert_to_list(&a,d);
    }
    printf("list 1:\n");
    for(p=a.pnext;p;p=p->pnext)
        printf("%d\t",p->data);
    printf("\nlist 2:\n");
    for(p=b.pnext;p;p=p->pnext)
        printf("%d\t",p->data);
    return 0;
}
```

预习要求：厘清程序思路，将程序补充完整；设计并填充表 9-2 中的测试输入和预测结果。

上机要求：建立项目 P09_02 和文件 P09_02.c，调试运行程序，在表 9-2 中记录实际运行结果并分析结果。

表 9-2　题 2 测试用表

序号	测 试 输 入	预 测 结 果	实际运行结果
1			

3. 编写程序：N 名学生的成绩已在主函数中被放入一个带头节点的链表中，h 指向链表的头节点。请编写函数 fun，它的功能是找出最高分并由函数值返回。

```
#include <stdio.h>
#include <stdlib.h>
#define  N  8
struct  slist
{
    double   s;
    struct slist  * next;
};
typedef  struct slist  STREC;
double  fun( STREC * h )
{
```

```
    }
STREC * creat( double * s)
{
    STREC   * h, * p, * q;
    int   i=0;
    h=p= (STREC * )malloc(sizeof(STREC));
    p->s=0;
    while(i<N)
    {
        q= (STREC * )malloc(sizeof(STREC));
        q->s=s[i];
        i++;
        p->next=q;
        p=q;
    }
    p->next=0;
    return   h;
}
void outlist( STREC * h)
{
    STREC   * p;
    p=h->next;
    printf("head");
    do
    {
        printf("->%2.0f",p->s);
        p=p->next;
    }  while(p!=0);
    printf("\n\n");
}
void freelist(STREC * pHead)
{
    STREC * p;
    while(pHead->next)
    {
        p=pHead->next;
        pHead->next=p->next;
        free(p);
    }
}
int main()
{
    double   s[N]={85,76,69,85,91,72,64,87}, max;
```

```
        STREC  * h;
        h=creat(s);
        outlist(h);
        max=fun( h );
        printf("max=%6.1f\n",max);
        freelist(h);
        return 0;
    }
```

预习要求：理解程序中各个变量的含义,画出函数算法流程图并编写函数,在程序内部加必要的注释;填充表 9-3 中的预测结果。

上机要求：建立项目 P09_03 和文件 P09_03.c,调试运行程序,在表 9-3 中记录实际运行结果并分析结果。

表 9-3　题 3 测试用表

序号	预 测 结 果	实际运行结果
1		

四、常见问题

动态内存分配和链表简单操作中常见的问题如表 9-4 所示。

表 9-4　动态内存分配和链表简单操作中常见的问题

常见错误实例	常见错误描述	错误类型
int * p＝malloc(4)	需要强制类型转换 malloc 函数的返回值为指定类型的指针	程序书写风格不好
char * p＝(char)malloc(sizeof(char) * 4)	malloc 函数的返回值是指针,不能转换为数值类型	语法错误
int * p; p＝(int *)malloc(sizeof(int) * 4); …	使用 malloc 或者 calloc 函数后不使用 free 函数释放占用的内存	运行错误
free(p); … * p＝4	释放后的内存不能使用	运行错误

实训 24　链表的主要操作

一、实训目的

(1) 巩固链表的概念;

(2) 掌握链表的主要操作。

二、实训准备

(1) 复习内存动态分配和释放函数的使用方法；
(2) 复习链表的概念；
(3) 复习链表的操作；
(4) 阅读编程技能中的相关技能；
(5) 认真阅读以下实训内容，完成预习要求中的各项任务。

三、实训内容

以下各题的所有项目和文件都要求建立在解决方案 C_study 中。

1. 程序填空：以下程序的功能是创建一个带头节点的单向链表，然后将单向链表节点（不包括头节点）数据域为偶数的值累加起来。主程序使用头指针存储链表的第一个节点。
部分代码如下。

```c
#include <stdio.h>
#include <stdlib.h>
typedef  struct  aa
{
    int  data;
    struct  aa  *next;
}NODE;
int  fun(NODE  *h)
{
    int  sum=0;
    NODE  *p;
        (1)        ;
    while(    (2)    )
    {
        if(p->data%2==0)
            sum +=p->data;
            (3)      ;
    }
    return  sum;
}
NODE  *creatlink(int  n)
{
    NODE  *h, *p, *s, *q;
    int  i, x;
    h=p=(NODE  *)malloc(sizeof(NODE));
    for(i=1; i<=n; i++)
    {
        s=(NODE  *)malloc(sizeof(NODE));
        s->data=rand()%16;
```

```
            s->next=p->next;
            p->next=s;
            p=p->next;
        }
        p->next=NULL;
        return  h;
    }
    void outputlink(NODE  * h)
    {
        NODE * p;
        p =h->next;
        while(p)
        {
            printf("->%d ",p->data );p=p->next;
        }
        printf ("\n");
    }
    void freelink(NODE * h)
    {
            (4)      ;
    }
    int main()
    {
        NODE   * head;
        int  even;
        head=creatlink(12);
        head->data=9000;
        outputlink (head);
        even=fun(head);
        printf("\nThe  result  :%d\n", even);
        freelink(head);
        return 0;
    }
```

　　预习要求：读懂程序，画出框图，列出程序中所有变量的含义；注释掉程序中的随机生成数据部分的代码，使用格式输入方式输入数据，填充表 9-5 中的测试输入与预测结果。

　　上机要求：建立项目 P09_04 和文件 P09_04.c，调试运行程序，在表 9-5 中记录实际运行结果并分析结果。在调试正确后复原随机生成数据部分的代码。

表 9-5　题 1 测试用表

序号	测 试 输 入	预 测 结 果	实 际 运 行 结 果
1			

　　2. 程序改错：以下 Creatlink 函数的功能是创建带头节点的单向链表，并为各节点数

据域赋 0～m－1 之间的值,outlink 函数的功能是输出这些值。

含有错误的代码如下。

```c
#include <stdio.h>
#include <conio.h>
#include <stdlib.h>
typedef  struct  aa
{
    int  data;
    struct  aa  * next;
} NODE;
NODE * Creatlink(int  n, int  m)
{
    NODE   * h=NULL, * p, * s;
    int  i;
    p=(NODE * )malloc(sizeof(NODE));
    h=p;
    p->next=NULL;
    for(i=1; i<=n; i++)
    {
        s=(NODE * )malloc(sizeof(NODE));
        s->data=rand()%m;
        s->next=p->next;
        p->next=s;
        p=p->next;
    }
    return  p;
}
void outlink(NODE   * h)
{
    NODE   * p;
    p=h->next;
    printf("\n\nTHE  LIST :\n\n  HEAD ");
    while(p)
    {
        printf("->%d ",p->data);
        p=p->next;
    }
    printf("\n");
}
int main()
{
    NODE   * head;
    system("cls");
    head=Creatlink(8,22);
    outlink(head);
```

```
    return 0;
}
```

预习要求：阅读程序，画出框图，列出程序中各个变量的含义，找出程序中的错误并改正；注释掉程序中的随机生成数据部分的代码，使用格式输入方式输入数据，填充表 9-6 中的测试输入与预测结果。

上机要求：建立项目 P09_05 和文件 P09_05.c，调试运行程序，在表 9-6 中记录实际运行结果并分析结果。在调试正确后复原随机生成数据部分的代码。

表 9-6　题 2 测试用表

序号	测 试 输 入	预 测 结 果	实际运行结果
1			

四、常见问题

链表主要操作中的常见问题如表 9-7 所示。

表 9-7　链表主要操作中的常见问题

常见错误实例	常见错误描述	错误类型

if(x==p1->data) /* p1 指向要删除的节点 */
{ if(p1==head)
　　head=p1->next;
　else
　　p2->next=p1->next;
　n=n-1;　/* 链表个数减 1 */
}
	删除不用的链节，忘记释放内存	内存泄露，运行错误

(前面假设 p 是链表尾节点，q 是准备添加到链表尾的新节点) p=q;p->next=p;	链表的指针操作紊乱	运行错误

练　习　9

完成以下课后练习，各题的所有项目和文件都要求建立在解决方案 C_study 中。

1. 编写程序(项目名 E09_01，文件名 E09_01.c)：设计 fun 函数，输入二阶方阵的大小 n，返回该二阶方阵的列指针。

要求 fun 函数根据 n 的值动态分配内存以存放数据。fun 函数的原型如下：

```
int  *fun(int n);
```

例如，当输入 n=6 时，其上三角矩阵如图 9-8 所示。

1	1	1	1	1	1
0	1	1	1	1	1
0	0	1	1	1	1
0	0	0	1	1	1
0	0	0	0	1	1
0	0	0	0	0	1

图 9-8　题 1 上三角矩阵

2. 编写程序(项目名 E09_02,文件名 E09_02.c):设计 fun 函数,接收两个矩阵 a 和 b,以列指针形式返回两个矩阵的乘积 $c = a \cdot b$,其中 a 的列数必须等于 b 的行数。计算公式为 $c_{i,j} = \sum a_{i,k} \cdot b_{k,j}$。

要求 fun 函数在执行时动态申请数组 c 所占用的内存,最后返回 c 数组中首元素的地址。fun 函数的原型为:

```
float *  fun(float * a,float *b,int m,int k,int n);
```

其中 a 指向一个 m 行 k 列的数组,而 b 指向一个 k 行 n 列的数组,最后返回值是 m 行 n 列的数组。

3. 编写程序(项目名 E09_03,文件名 E09_03.c):输入整数 n,计算、保存并输出从 2 开始的前 n 个质数。

4. 编写程序(项目名 E09_04,文件名 E09_04.c):输入一个多项式字符串,将该字符串拆解为链表形式,并按照每行一项的形式输出。

在对表达式的计算中,常需要将字符串形式的多项式解析为多个项的和。例如多项式 $2X^4 - 3X^3 + 2X + 55$ 可以表示为如图 9-9 所示的链表形式。链表的每个链节可表达为如下形式。

```
struct Item
{   int factor;
    char varname[2];
    int power;
};
```

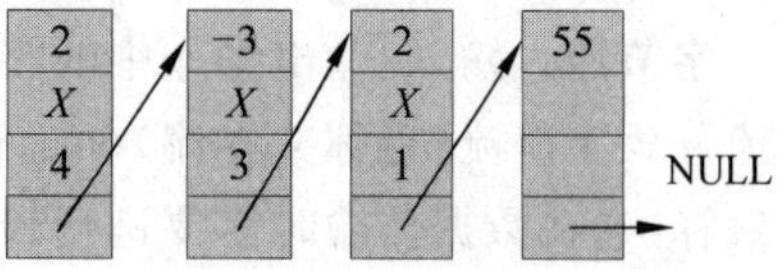

图 9-9　多项式的链表表示法

假定多项式中只有 X 一个变元,其 X 的幂紧接着 X 表示,而且假定多项式仅包含 X 的正整数次幂以及最多一个常数项。图 9-9 中的多项式,其字符串的输入形式为 2X4−3X3+2X+55。而输出结果应该为

```
2X^4
-3X^3
2X
55
```

5. 编写程序(项目名 E09_05,文件名 E09_05.c):在题 4 的基础上设计编写一个能够合并同类项的程序。若项的系数为 0,则删除该链节。例如:输入"2X4+3X3+2X+55−3X3",应该得到

```
2X^4
2X
55
```

6. 编写程序(项目名 E09_06,文件名 E09_06.c):在某班级的评优活动中,需要对班级学生的 3 门课程的总分进行排名,有不及格科目的学生不能参加评优。编写程序,以链表处理方式输入学生姓名和 3 门课程的成绩,直到输入某位学生的成绩小于 0 时结束输入,然后从链表中选出班级总分第一名的学生信息,并输出该学生的姓名和所有成绩加以公示。

第10章

文 件

10.1 知识点梳理

1. 基本概念

文件。文件是指一组相关数据的有序集合。

字节流。输入、输出操作中的字节序列称为字节流。根据对字节内容的解释方式,字节流分为字符流(也称文本流)和二进制流。字符流将字节流的每个字节按 ASCII 码字符解释,它在数据传输时需要进行转换,效率较低。二进制流将字节流的每个字节以二进制方式解释,它在数据传输时不进行任何转换,效率较高。

缓冲文件系统。指系统在内存区为每一个正在使用的文件开辟一个缓冲区。不论是输入还是输出数据,都必须先将数据存放到缓冲区中,然后再输入或输出,如图 10-1 所示。

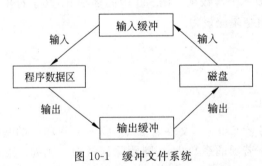

图 10-1　缓冲文件系统

文件类型指针变量。指向一个打开文件的指针变量,通过该指针变量可以对当前打开的文件进行操作。定义文件类型指针变量的一般形式为:

FILE * 变量名;

文件位置指针。指示文件当前要读写的位置,以字节为单位,从 0 开始连续编号(0 代表文件的开头)。打开一个文件后,该文件的当前读写位置与打开该文件时采用的打开方式有关,具体如表 10-1 所示。

表 10-1　文件的打开方式及其含义

方式	含　　义	文件读/写位置
"r"	以只读方式打开一个已存在的文本文件。若该文件不存在,则出错	文件开头
"w"	以只写方式打开一个文本文件。若该文件不存在,则以该文件名创建一个新文件;若已存在,则将该文件内容全部删除	文件开头
"a"	以追加方式打开一个文本文件,仅在文件末尾写数据。若该文件不存在,则出错	文件末尾
"+"	以读/写方式打开一个文本文件	
"t"	以文本方式打开一个文本文件,是系统默认的方式,即可以省略	
"b"	以二进制方式打开一个文本文件	

2. 文件操作步骤

对文件进行操作的一般过程是打开文件→读/写文件→关闭文件。

(1) 打开文件。

用 fopen 函数实现文件的打开,函数的原型为

```
FILE * fopen( char * filename,char * mode);
```

功能:以 mode 方式打开由 filename 指定的文件。若打开成功,则函数返回一个指向该文件的文件指针,这样对文件的操作就可以通过该文件指针进行;若打开失败(磁盘故障;磁盘满以致无法创建文件;表 10-1 列出的错误等),则返回 NULL。

(2) 读/写文件。

常用的对文件进行读/写操作的函数有以下 4 类。

• 字符读写函数 fgetc 和 fputc。

fgetc 函数的原型为

```
int fgetc(FILE * fp);
```

功能:从 fp 所指向的文件中读入一个字符。

fputc 函数的原型为

```
int fputc(char ch,FILE * fp);
```

功能:把 ch 字符写入 fp 所指向的文件中。

• 字符串读写函数 fgets 和 fputs。

fgets 函数的原型为

```
char * fgets(char * s,int n,FILE * fp);
```

功能:从 fp 所指向的文件中读入 $n-1$ 个字符或读完一行,参数 s 用来接收读取的字符,并在末尾自动添加字符串结束符。

fputs 函数的原型为

```
int fputc(char * s,FILE * fp);
```

功能：把 s 所指向的字符串写入 fp 所指向的文件中。

• 格式化读写函数 fscanf 和 fprinf。

fscanf 函数的原型为

```
char * fscanf (FILE * fp,char * format,…);
```

功能：按照 format 格式从 fp 所指向的文件中读取数据，并赋到参数列表中。

fprinf 函数的原型为

```
int fprintf (FILE * fp,char * format,…);
```

功能：按照 format 格式将数据写入 fp 所指向的文件中。

• 数据块读写函数 fread 和 fwrite。

fread 函数的原型为

```
int fread(void * pt,unsigned size,unsigned count,FILE * fp);
```

功能：从 fp 所指向的文件中读取 count 个字节数为 size 的数据块，存放到 pt 所指向的存储空间。

fwrite 函数的原型为

```
int fwrite(void * pt,unsigned size,unsigned count,FILE * fp);
```

功能：从 pt 所指向的存储空间中取出 count 个字节数为 size 的数据块，写入 fp 所指向的文件中。

（3）关闭文件。

操作完毕一个文件后，为释放该文件所占用的系统资源，防止文件的数据丢失或被误用，必须关闭文件。

fclose 函数可以实现文件的关闭功能，该函数的原型为

```
int fclose(FILE * fp);
```

3. 文件的定位

文件的定位指将文件的位置指针定位到预想的位置，能够实现该要求的函数通常有以下几种。

（1）rewind 函数。

该函数的原型为

```
void rewind(FILE * fp);
```

功能：使 fp 所指向文件的文件位置指针重新返回文件的开头。

（2）ftell 函数。

该函数的原型为

```
int ftell(FILE * fp);
```

功能：取得 fp 所指向文件的文件位置指针指向的位置，并作为函数返回值返回。

（3）fseek 函数。

该函数的原型为

```
int fseek(FILE * fp,long offset,int base);
```

功能：将 fp 所指向文件的文件位置指针移动到以 base 为基准、偏移量为 offset 的位置。参数 base 的值用 0、1 或 2 表示。0 代表"文件开始"，1 代表"当前位置"，2 代表"文件末尾"。为方便编程，ANSI C 标准采用符号常量代表该值，如表 10-2 所示。

表 10-2　文件起始点的表示

起 始 点	符 号 表 示	数 字 表 示
文件开始	SEEK_SET	0
文件当前位置	SEEK_CUR	1
文件末尾	SEEK_END	2

10.2　案例应用与拓展—— 应用文件保存数据

如前所述，不论是用数组还是链表保存学生成绩管理程序中的学生信息，本质上都是将数据保存在内存中，一旦退出程序或关机，保存的学生信息将不复存在。对任何学校来说，学生的基本信息都是非常重要的数据，需要长期保存，因此就要设法将得到的学生信息保存到外部存储设备（如硬盘）上，这就需要应用本章的知识，即建立一个文件以保存学生信息。

对于学生成绩管理程序，可在第 9 章的基础上再增加一项功能——成绩保存，该功能实现将链表中的数据域值保存到一个名为 student.dat 的文件中。与此功能相对应的函数为 save 函数，可以实现将链表中的数据域写到文件 student.dat 中。增加此项功能后的主菜单如下。

```
    欢迎使用学生成绩管理系统
*********************************
*          主菜单          *
*********************************
1  成绩输入      2  成绩删除
3  成绩查询      4  成绩排序
5  显示成绩      6  成绩保存
7  退出系统
请选择[1/2/3/4/5/6/7]:
```

1. 应用文件保存学生成绩管理程序中的数据

请认真阅读并分析以下程序，然后在解决方案 C_study 中建立项目 W10_01 和文件
W10_01.c，调试、运行程序并观察运行结果。

```c
#include <stdio.h>
#include <stdlib.h>
#include <string.h>
typedef struct{
    int   num;
    char  name[20];
    float score;
}DATA;
struct s{                              /* 定义链表节点 */
    DATA date;                         /* 数据域 */
    struct s * next;                   /* 指针域 */
};
typedef struct s STU;                  /* 定义节点类型名为 STU */
STU * input();
STU * del(STU * );
void find(STU * );
STU * sort(STU * );
void save(STU * );
void menu();
STU * input()                          /* 输入学生信息并创建链表 */
{
    STU * p1, * h=NULL, * p2;
    int n,i;
    system("cls");                     /* 清屏 */
    printf("\n请输入学生人数(1-80):");
    scanf("%d",&n);
    printf("\n请输入学生信息:");
    for(i=1;i<=n;i++)
    {   p1=(STU *)malloc(sizeof(STU));
        printf("\n%d:",i);
        scanf("%d%s%f",&p1->date.num,p1->date.name,&p1->date.score);
        if(i==1) h=p1;
        else p2->next=p1;
        p2=p1;
    }
    p2->next=NULL;
    system("pause");
    return h;
}
```

```
STU * del(STU * h)                          /* 删除学生信息 */
{
    int   k=0;
    STU * p1, * p2;
    int   num;
    system("cls");                          /* 清屏 */
    if(h==NULL) return h;
    printf("\n请输入要删除的学号:");
    scanf("%d",&num);
    for(p1=h;p1!=NULL;p1=p1->next)
        if(num==p1->date.num)               /* 查找 */
            break;
        else
            p2=p1;
    if(p1)
    {   if(p1==h)
            h=p1->next;
        else
            p2->next=p1->next;
        printf("删除成功\n");
        free(p1);
    }
    else
        printf("找不到要删除的成绩!\n");
    system("pause");
    return h;
}
void find(STU * h)                          /* 查找学生信息 */
{
    int   k=0;
    int num;
    STU * p;
    system("cls");                          /* 清屏 */
    if(h==NULL) return;
    printf("\n请输入要查询的学号");
    scanf("%d",&num);
    for(p=h;p;p=p->next)
        if(num==p->date.num)                /* 查找 */
        {   printf("已找到: ");
            printf("%d\t%s\t%.1f\n",p->date.num,p->date.name,p->date.score);
            break;
        }
    if(p==NULL)
        printf("找不到!\n");
    system("pause");
}
```

```c
STU * sort(STU * h)                              /* 按成绩排序 */
{   DATA t;
    STU *p1, *p2;
    for(p1=h;p1->next;p1=p1->next)
        for(p2=p1->next;p2;p2=p2->next)
            if((p1->date.score)<(p2->date.score))
            {   t=p1->date;
                p1->date=p2->date;
                p2->date=t;
            }
    printf("\n 输出排序结果:\n");
    for(p1=h;p1;p1=p1->next)
        printf("%d\t%s\t%.1f\n",p1->date.num,p1->date.name,p1->date.score);
    printf("\n");
    system("pause");
    return h;
}
void display(STU * h)                            /* 显示学生信息 */
{
    STU *p;
    for(p=h;p;p=p->next)
        printf("%d\t%s\t%.1f\n",p->date.num,p->date.name,p->date.score);
    printf("\n");
    system("pause");
}
void save(STU * h)                               /* 保存学生信息 */
{
    STU *p;
    FILE *fp;
    if((fp=fopen("student.dat","w"))==NULL)
    {   printf("open file error\n");
        return;
    }
    for(p=h;p;p=p->next)
        fprintf(fp,"%d %s %f\n",p->date.num,p->date.name,p->date.score);
    fclose(fp);
    system("pause");
}
void menu()
{
    system("cls");                               /* 清屏 */
    printf("\n\n\n\t\t\t      欢迎使用学生成绩管理系统\n\n\n");
    printf("\t\t\t ********************************\n");
    printf("\t\t\t *             主菜单           * \n");        /* 主菜单 */
    printf("\t\t\t ********************************\n\n\n");
    printf("\t\t         1  成绩输入       2  成绩删除\n\n");
```

```
        printf("\t\t        3  成绩查询        4  成绩排序\n\n");
        printf("\t\t        5  显示成绩        6  成绩保存\n\n");
        printf("\t\t        7  退出系统\n\n");
        printf("\t\t        请选择[1/2/3/4/5/6/7]: ");
}


int main()
{
    int j;
    STU * h;
    while(1)
    {   menu();
        scanf("%d",&j);
        switch(j)
        {
            case  1:  h=input(); break;
            case  2:  h=del(h); break;
            case  3:  find(h); break;
            case  4:  h=sort(h); break;
            case  5:  display(h); break;
            case  6:  save(h); break;
            case  7:  exit(0);
        }
    }
    return 0;
}
```

2. 拓展练习

（1）若要将以上保存到文件中的数据读到一个链表中并显示该链表中的数据，应该
如何实现此项功能？

（2）仿照上述程序设计并实现通讯录管理程序，通讯录信息包括姓名、电话、通讯地
址等，要求应用模块化设计方法，并应用动态链表保存和处理通讯录中的相关数据，程序
主菜单和各项功能如下。

```
***************************************
*           1—通讯录信息输入        *
*           2—通讯录信息删除        *
*           3—通讯录信息查询        *
*           4—通讯录信息排序        *
*           5—保存通讯录信息        *
*           0—退出                  *
***************************************
        请输入你的选择(0-5):
```

（1）通讯录信息输入：输入通讯录管理程序中的相关数据并创建链表。

（2）通讯录信息删除：根据输入的信息找到链表中的对应节点并删除该节点。

（3）通讯录信息查询：根据输入的信息找到链表中的对应节点并显示该节点数据域的值。

（4）通讯录信息排序：对链表中的节点数据按要求进行排序并输出。

（5）保存通讯录信息：将链表中的节点数据保存到文件中。

在解决方案 C_study 中建立项目 W10_02 和文件 W10_02.c，调试、运行程序并观察运行结果。

10.3　编　程　技　能

10.3.1　文件包含

在实际软件开发过程中，可能需要将第三方库作为平台，需要把第三方库的头文件和目标文件包含进来。文件包含的路径设置方法：右击项目，选择"属性"命令，打开"TempSensorPrj"属性页窗口，选择"VC++ 目录"命令，在"包含目录"选项中单击其右边的下拉箭头，选择"编辑"命令，在弹出的"选择目录"对话框中定位到相应的文件夹，如图 10-2 所示。

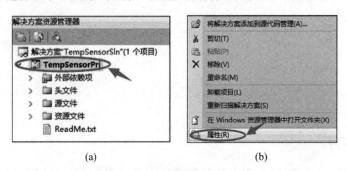

(a)　　　　　　　　　(b)

(c)

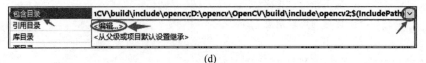

(d)

图 10-2　文件包含的路径设置

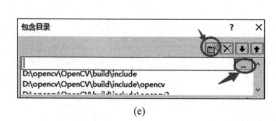
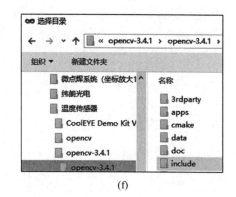

(e)   (f)

图 10-2(续)

如果程序在连接时需要第三方库的目标文件,如 lib 文件等,则首先需要将这些目标文件的路径配置好。打开"工程属性页"窗口,选择"VC++目录"命令,在右边找到"库目录"命令,如图 10-3 所示,单击其右边的下拉箭头,选择"编辑"命令,配置方法同上。

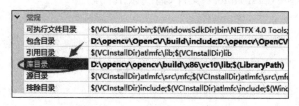

图 10-3   库目录的路径设置

最后,添加需要的第三方库文件的名称。打开"工程属性页"窗口,选择"链接器"→"输入"命令,在右边的"附加依赖项"中添加需要的库文件,如图 10-4 所示。

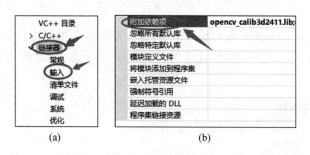

(a)   (b)

图 10-4   添加库文件

10.3.2   VC2010 环境下的多文件管理

虽然一个项目中只能有一个 main 函数,但是一个项目中却可以包含多个文件。如下面的操作,一个名为 D10_01 的项目共包含 main.c、IsPrime.c 和 Prime.h 三个文件。

首先,在 C_study 解决方案中新建项目 D10_01,然后新建 main.c 文件,在 main.c 文件中输入以下代码。

```
#include <stdio.h>
int main()
{
    int  i=1;
    while(i<50)
    {
        if(IsPrime(i))
        {
            printf("%d  ",i);
        }
        i++;
    }
    return 0;
}
```

注意程序的黑体部分,调用 IsPrime 函数的目的是检测整型变量 i 是否为质数。向 D10_01 项目中添加一个 IsPrime.c 文件,输入以下代码。

```
int   IsPrime(int n)
{
    int i;
    if(n<2)
        return 0;
    for(i=2;i<n;i++)
        if(n%i==0)
            return 0;
    return 1;
}
```

这样,D10_01 项目中就有两个源文件了,添加后的效果如图 10-5 所示。

如果此时对 main.c 进行编译,且将警告级别调至最高,则会产生警告甚至错误,如图 10-6 所示。

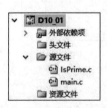

图 10-5 向一个项目添加两个文件

error C2220: 警告被视为错误 – 没有生成 "object" 文件
warning C4013: "IsPrime" 未定义; 假设外部返回 int

图 10-6 错误警告

可以在 main.c 的开始处增加对 IsPrime 函数的声明 int IsPrime(int n),另一个更好的方法是为 IsPrime.c 增加一个接口头文件 Prime.h,添加文件的方法同 IsPrime.c 文件,注意文件类型为头文件,如图 10-7 所示。

将文件命名为 Prime,单击"确定"按钮,VC2010 会自动为该文件添加 h 后缀名。向该文件添加一行声明:

```
int IsPrime(int n);
```

添加后的效果如图 10-8 所示。

图 10-7   添加头文件

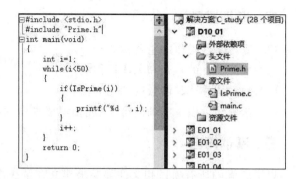

图 10-8   添加头文件后的效果

在 main.c 中增加：

```
#include "Prime.h"
```

注意是双引号，不是<>。

再次编译程序，程序编译通过。打开 C_study\D10_01\DEBUG 文件夹，观察到
IsPrime.c 编译生成了 IsPrime.obj，main.c 编译生成了 main.obj，如图 10-9 所示。

然后，IsPrime.obj、main.obj 与其他库目标文件连接生成了 D10_01.exe，如图 10-10
所示。

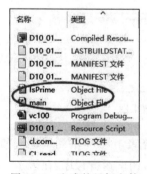

图 10-9   生成的目标文件

图 10-10   生成的 exe 文件

10.4   实 践 训 练

实训 25   文件的基本操作

一、实训目的

(1) 理解 C 语言中文件和文件指针的概念；

（2）掌握 C 语言中各种文件操作函数的使用方法；

（3）熟悉 VC2010 集成环境调试文件程序的方法。

二、实训准备

（1）复习文件操作的主要步骤；

（2）复习文件的打开和关闭操作；

（3）复习文件读写函数的调用方法；

（4）认真阅读以下实训内容，完成预习要求中的各项任务。

三、实训内容

以下各题的所有项目和文件都要求建立在解决方案 C_study 中。

1. 编写程序：求 1000 以内的所有质数并写到文件中。

预习要求：画出算法流程图并编写程序，在程序内部添加必要的注释。

上机要求：建立项目 P10_01 和文件 P10_01.c。先采用 fprintf 库函数将结果写入 xx1.out 文件，然后改为由 fwrite 库函数将结果写入 xx2.out 文件。用记事本分别打开 xx1.out 和 xx2.out，比较显示结果有什么不同。然后分别右击文件，选择"属性"命令，查看各自文件的大小，观察有什么不同并解释原因。

2. 编写程序：有 5 个学生，每个学生有三门课程的成绩，从键盘输入学号、姓名、3 门课程的成绩，计算平均成绩，并将原有的数据和计算出的平均成绩存放在磁盘文件 stud.dat 中。

要求当用记事本打开文件时，显示结果的样式如图 10-11 所示。

```
************信息学院某班期末成绩统计表***********
学号姓名高数英语    C语言平均成绩
1201    王敏    70    50    60    60.00
1202    王林    85    68    96    83.00
1203    林敏    71    54    60    61.67
1204    李东    71    50    86    69.00
1205    刘涛    34    80    79    64.33
```

图 10-11   题 2 显示效果图

预习要求：画出流程图并编写程序；设计并填充表 10-3 中的测试输入和预测结果。

上机要求：建立项目 P10_02 和文件 P10_02.c，调试运行程序，在表 10-3 中记录实际运行结果并分析结果。

提示：

① 有 5 个学生，每个学生的信息所对应的数据类型不同，故采用结构体数组组织存储这些数据较为合适；

② 采用 fprintf 格式函数写入文件。

表 10-3   题 2 测试用表

序号	测 试 输 入	预 测 结 果	实 际 运 行 结 果
1			

3. 程序填空：以下程序的功能是将指针 p 指向的字符串复制到指针 b 指向的字符串中，要求每复制 3 个字符后便插入 1 个空格，然后将指针 b 指向的字符串写在文件 file1.dat 中，最后从文件中读出该字符串并输出。

部分代码如下。

```c
#include <stdio.h>
void fun (char *p, char *b)
{
    int j, k=0;
    while(   (1)   )
    {
        j=0;
        while(j<3&&*p)
        {
            b[k]=*p;
            k++; p++; j++;
        }
        if(*p)
        {
            b[   (2)   ]=' ';
        }
    }
    b[k]='\0';
}
int main()
{
    char a[80], b[80];
    FILE *fp;
    gets(a);
    fun(a,b);
    if((fp=fopen ("file1.dat", "w"))==NULL)
    {
        printff ("not open file\n");
        exit(0);
    }
    fputs (   (3)   ,fp);
    fclose(fp);
    if((fp=fopen ("file1.dat",   (4)   ))==NULL)
    {
        printff ("not open file\n");
        exit(0);
    }
    fgets ( b, 80, fp);
    puts (b);
```

```
        fclose (fp);
        return 0;
    }
```

预习要求：厘清程序思路，将程序补充完整；设计并填充表 10-4 中的测试用表。

上机要求：建立项目 P10_03 和文件 P10_03.c，调试运行程序，在表 10-4 中记录实际运行结果并分析结果。

表 10-4　题 3 测试用表

序号	测 试 输 入	预 测 结 果	实际运行结果
1			

4. 程序改错：对整型数组 A 中的各个元素（各不相同）按其所存数据的值从小到大连续编号，要求不改变数组中各元素的顺序，并将编号的结果保存在 myf1.out 文件中。例如，输入 15、3、4、27、13、16、18，则应输出 4、1、2、7、3、5、6。

含有错误的代码如下。

```c
#include <stdio.h>
#define N 7
int main()
{
    int num[N],s[N],i,j,k;
    static int a[]={15,3,4,27,13,16,18};
    FILE * fp;
    if(fp=fopen("myf1.out","w")==NULL)
    {
        printf("can't open file myf1.out!\n");
        exit(0);
    }
    for(i=0;i<N;i++)
        s[i]=a[i];
    for(i=0;i<N-1;i++)
        for(j=i+1;j<N;j++)
            if(s[j]<=s[i])
                k=s[i];s[i]=s[j];s[j]=k;
    for(i=0;i<n;i++)
        for(j=0;j<n;j++)
            if(s[i]!=s[j])
            {
                num[j]=i;
                break;
            }
```

```
        for(i=0;i<N;i++)
            fprintf(fp,"%5d",a[i]);
        fprintf(fp;"\n");
        for(i=0;i<N;i++)
            fprintf(fp,"%d",num[i])
        fprintf(fp;"\n");
        fclose(fp);
        return 0;
    }
```

预习要求：阅读程序，画出框图，列出程序中各个变量的含义，找出程序中的错误并改正；设计并填充表 10-5 中的测试用表。

上机要求：建立项目 P10_04 和文件 P10_04.c，调试运行程序，在表 10-5 中记录实际运行结果并分析结果。

表 10-5 题 4 测试用表

序号	测 试 输 入	预 测 结 果	实际运行结果
1	15,3,4,27,13,16,18		
2			

5. 编写程序：将题 2 改为先用 fwrite 函数写入文件，然后通过 fread 函数从该文件中读取数据，并将学生的数据输出到显示器上。

预习要求：画出流程图并编写程序。

上机要求：建立项目 P10_05 和文件 P10_05.c，调试运行程序，在表 10-5 中记录实际运行结果并分析结果。

四、常见问题

文件基本操作中的常见问题如表 10-6 所示。

表 10-6　文件基本操作中的常见问题

常见错误实例	常见错误描述	错误类型
if((fp＝fopen("c：\\file.out","w"))＝NULL)	判断是否为 NULL，应该用关系运算符＝＝	语法错误
if(fp＝fopen("c：\\file.out","w")＝＝NULL)	少了一对圆括号（参看上行）	逻辑错误
if((fp＝fopen("c：\\file.out",'w'))＝＝NULL)	打开方式参数应该是字符串	语法错误
if((fp＝fopen("c：\file.out","w"))＝＝NULL)	文件路径应该用\\	语法错误
FILE fp; if((fp＝fopen("c：\\ file.out","w"))＝＝NULL)	FILE 是结构体类型，应该将 fp 定义为指针类型	语法错误

实训 26　文件的综合应用

一、实训目的

综合运用所学知识并结合本章文件内容完成一个规模较大、具有现实生活情景的设计性实验,以加深对文件等知识的理解,提高综合运用知识的能力。

二、实训准备

(1) 复习多文件管理方式;

(2) 复习和文件操作有关的函数;

(3) 认真阅读以下实训内容,完成预习要求中的各项任务。

三、实训内容

本题的项目和文件都要求建立在解决方案 C_study 中。

编写一个程序,完成以下功能。

(1) 编写主菜单,并调用下列各功能函数。要求项目名为 P10_06,文件名为 P10_06.c。

(2) 编写 AveFun 函数:输入 5 个学生的信息,包括学号、姓名、3 门课程的成绩(精确到小数点后一位),计算每个学生的平均成绩,将所有数据写入文件 ST1.dat。要求文件名为 P10_06_AVE.c。

(3) 编写 SortScoreFun 函数:从 ST1.dat 文件中读出学生数据,将平均成绩从高到低排序后写入文件 ST2.dat。要求文件名为 P10_06_SORT_SCORE.c。

(4) 编写 SortNameFun 函数:从 ST1.dat 文件中读出学生数据,按字典顺序对姓名进行排序,并将排序结果写入文件 ST3.dat。要求文件名为 P10_06_SORT_NAME.c。

(5) 编写 FindNumberFun 函数:根据输入学生的学号在 ST2.dat 文件中查找该学生,找到以后输出该学生的所有数据。如果文件中没有输入的学号,则给出相应的提示信息。要求文件名为 P10_06_FIND_NUMBER.c。

(6) 编写 FindNameFun 函数:根据输入学生的姓名在 ST3.dat 文件中查找该学生,找到以后输出该学生的所有数据。如果文件中没有输入的学生姓名,则给出相应的提示信息。要求文件名为 P10_06_FIND_NAME.c。

预习要求:画出各个函数流程图并编写程序。设计一组 5 人次的数据作为测试输入,填充表 10-7 中的测试用表。

上机要求:按以上要求建立项目和文件,调试运行程序,记录编译调试过程中发生的错误。在表 10-7 中记录实际运行结果并分析结果。

提示:① 每个学生的信息数据类型不同,共 5 个学生,所以用结构体数组或链表组织存储数据;

② 排序算法可以用冒泡法和选择法;

③ 对文件的读/写建议采用 fread 函数和 fwrite 函数。

表 10-7　测试用表

序号	测 试 输 入	预 测 结 果	实际运行结果
1			

四、常见问题

（1）对姓名按照字典顺序进行排序，由于姓名是字符串，所以在比较两个人的姓名时不能用关系运算符号，而是要采用字符串比较函数 strcmp；

（2）写入文件和读出该文件时函数不配套，例如写入文件用 fwrite 函数，从该文件中读出内容用 fscanf 函数，或者写入文件用 fprintf 函数，从该文件中读出内容用 fread 函数，均有可能造成数据错误。

练 习 10

完成以下课后练习，各题的所有项目和文件都要求建立在解决方案 C_study 中。

1．编写程序（项目名为 E10_01，文件名为 E10_01.c）：输入一个文本文件名，输出该文本文件中的每一个字符及对应的 ASCII 码。例如，文件的内容是 Bei，则输出：B(66)e(101)i(105)。

2．编写程序（项目名为 E10_02，文件名为 E10_02.c）：将职工的数据存放到磁盘文件 employee.dat 中，每个职工的数据包括职工姓名、职工号、性别、年龄、住址、工资、健康状况和文化程度，然后将职工姓名、工资的信息单独抽取并存储于另建的职工工资文件 salary.dat 中。

3．设计一个通讯录管理程序（项目名为 E10_03，文件名为 E10_03.c），程序功能如下：

① 录入每个联系人的基本信息（至少应包括姓名、单位、电话、邮件地址）；

② 从磁盘文件中读取记录到内存；

③ 保存记录到磁盘文件；

④ 修改记录；

⑤ 插入一条记录；

⑥ 删除一条记录；

⑦ 显示所有记录；

⑧ 按姓名对记录进行升序排序；

⑨ 退出。

要求：

① 采用链表结构，不能采用结构体数组；

② 采用模块化设计，将以上功能均定义成函数；

③ 应有用户界面，提供菜单选项。

第11章

课程综合实训

在系统学习完 C 程序设计的全部内容后,为了能使理论知识"活"起来,学会综合运用理论知识解决实际问题,一般会安排 2~3 周的课程综合实训环节,完成比前面各章实践训练中规模更大、实用性更强的程序。通过这一环节可以更全面地理解和掌握 C 程序设计的基本理论、基本知识、基本技能,能够将 C 程序设计的各个知识点融会贯通,更加牢固地掌握所学知识,培养分析和解决实际问题的能力。

11.1　课程综合实训目的和准备

11.1.1　实训目的

课程综合实训是课程学习中极其重要的实践教学环节,通过应用所学知识和技能掌握程序设计的基本方法,培养知识的综合应用能力和解决实际问题的能力,为今后的程序开发打下坚实基础。

课程综合实训的主要目的如下:

(1) 巩固对 C 语言基本概念和语法的理解和应用;

(2) 夯实 C 程序设计的理论基础;

(3) 掌握 C 程序设计的基本方法和编程技巧;

(4) 熟悉程序设计和软件开发的一般过程;

(5) 学会设计和开发一个小型实用程序,培养良好的程序设计风格,提高编程能力;

(6) 通过自学和查阅资料培养分析问题和解决问题的能力。

11.1.2　实训准备

课程综合实训不同于前面各章中的实践训练,实践训练只是针对部分知识点和小的问题进行编程训练,涉及的知识点较单一,程序规模也较小;课程综合实训则是设计和开发小型实用程序,几乎涵盖了 C 语言所有的重要知识点,涉及的内容更广,程序规模更大,更加接近实际应用,要求也更高。因此,在实训前要做一些必要的准备,尤其要进一步巩固和加强对以下知识的理解和掌握：

（1）复习前面各章"知识点梳理"部分对 C 语言基本概念和知识的介绍；

（2）复习选择结构一章中的菜单设计方法；

（3）复习循环结构一章和数组一章中的常用算法；

（4）复习函数一章中的函数功能的划分及函数的定义和引用，进一步理解模块化编程；

（5）复习指针、结构体和链表的应用；

（6）复习 C 程序中文件的应用；

（7）复习程序设计的基本步骤和如何使用流程图描述算法；

（8）复习前面各章"编程技能"部分中的程序调试的基本技能以及程序测试方法。

11.2 课程综合实训案例及开发过程

11.2.1 案例任务要求

学生成绩管理是和学生的日常生活结合非常紧密的应用程序，在前面各章的案例应用与拓展部分均以学生成绩管理程序作为案例，逐步介绍了学生成绩管理程序功能的拓展和实现过程。为了便于阅读和理解，程序功能较为简单，与实际应用有一定差距。课程综合实训的目的对实训任务的程序规模和实用性都有较高要求，因此从实用性出发，需要重新规划学生成绩管理程序的各项功能和要求。

1．功能描述和要求

学生成绩管理程序的设计主要是为了方便学校的教务部门对学生成绩进行管理。程序应具有的主要功能如下。

（1）学生管理：增加、修改和删除学生的基本信息，并保存到文件中。

（2）成绩管理：输入学生成绩信息，能够计算学生的总分和平均分并保存到文件中，能够计算并显示各专业学生的单科总分、平均分和成绩排名，能够计算并显示各专业学生的总分、平均分和成绩排名。

（3）成绩查询：能够按学号查找、按班级查找、按专业查找、按年级查找和显示所有学生的总体信息。

2．设计要求

（1）以软件工程思想为指导，按照分析、设计、编码、调试、测试和编写文档的软件开发过程完成实训任务。

（2）采用模块化编程方法，将任务分解为多个函数，使程序具有良好的风格。

（3）为各项功能操作设计一个菜单，程序运行后，先显示这个菜单，然后通过菜单项选择相应的操作项目。

3. 输入和输出要求

（1）程序运行时，先显示一个菜单，让用户可以根据需要选择相应的操作项目。

（2）为每步操作给出必要的提示信息。

（3）处理完成后，要清楚地给出运行结果。

下面根据实训任务的描述和要求，按照分析、设计、编码、调试、测试和编写文档的步骤详细地介绍学生成绩管理程序的开发过程。

11.2.2　任务分析

任务分析是在行动之前对任务进行的研究。任务分析可采用系统工程思想方法，对任务的实际情况进行综合分析，厘清任务要求做什么，有哪些数据需要处理？等主要问题，为后续设计提供依据。

根据以上任务描述和要求，从功能上分析，学生成绩管理程序作为辅助教务部门管理学生成绩的信息系统，应该具有管理信息系统的一些基本功能，即对数据的增加、删除和修改功能；同时，为了方便用户查询，应该提供形式多样的查询功能；作为管理成绩的系统，还应该能够实现对学生成绩的统计和分析；此外，学生的成绩信息作为学生在校期间的重要数据应长期保存。

从程序处理的数据分析，学生成绩信息主要包括学号、姓名、专业、班级、年级、单科成绩、总成绩、平均成绩等。

11.2.3　总体设计

总体设计主要从程序的设计考量，确定程序结构、模块划分、功能分配等，为详细设计提供依据。

在充分理解学生成绩管理程序的任务要求和处理流程后，按照模块化设计思想和方法（详见第 5 章编程技能部分），程序的总体功能结构如图 11-1 所示。

各模块的主要功能如下。

（1）学生管理：对学生的基本信息进行管理。

- 添加学生信息：添加学生的基本信息并保存到文件中。
- 删除学生信息：删除学生的信息并保存到文件中。
- 修改学生信息：对学生的基本信息进行修改并保存到文件中。

（2）成绩管理：录入学生成绩并对成绩做统计分析。包括：

- 输入学生成绩：可输入学生各门课程的成绩并保存到文件中。
- 计算学生总分、均分：计算每个学生的总成绩和平均成绩并保存到文件中。
- 计算单科总分、均分及排名：按专业计算某门课程的总分、平均分，并能按该门课程的成绩由高到低输出学生信息。
- 计算所有科目总分、均分及排名：按专业计算所有课程的成绩总分、平均分，并能

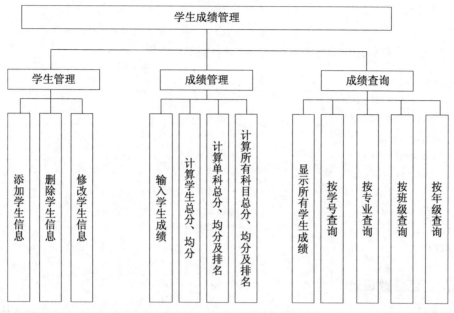

图 11-1　总体功能结构图

按学生的总分由高到低输出学生信息。

（3）成绩查询：按多种查询方式查询学生成绩。

- 显示所有学生成绩：输出所有学生的成绩信息。

- 按学号查询：按学号查找并显示学生信息。

- 按专业查询：按专业查找并显示学生信息。

- 按班级查询：按班级查找并显示学生信息。

- 按年级查询：按年级查找并显示学生信息。

11.2.4　详细设计

详细设计是指在总体设计的基础上描述实现具体模块所涉及的数据结构、主要算法、模块之间的调用关系等。详细设计应当足够详细，从而能够根据详细设计报告进行编码。

1. 数据结构设计

根据以上任务分析，学生成绩管理程序涉及的主要信息包括学号、姓名、专业、班级、年级、单科成绩、总成绩、平均成绩等。这些主要信息需用多种数据类型描述，故适合用结构体或链表表示。为了简便处理，本程序采用结构体。在充分理解程序设计之后，建议再改用链表进行处理。

课程信息包括课程名及分数，可定义一个结构体表示。

```
typedef struct {
    char  course[30];              /*课程*/
```

```
    float s;                              /*成绩*/
}C_S;
```

学生成绩管理程序中表示学生信息的结构体描述如下。

```
typedef struct {
    char num[10];                    /*学号*/
    char name[20];                   /*姓名*/
    char spec[30];                   /*专业*/
    char cla[20];                    /*班级*/
    char grade [20];                 /*年级*/
    C_S  score[5];                   /*5门课程的成绩*/
    float total;                     /*总分*/
    float average;                   /*平均分*/
}STU;
```

2. 主要函数设计

按照自顶向下、逐步细化的结构化程序设计方法，自上而下地确立了学生成绩管理程序的主要函数的功能及调用关系，如表 11-1 所示。

表 11-1 主要函数表

函　数　名	功　　能	调　用　函　数
main	启动程序，显示主菜单并执行相应功能	menu,student_man,score_man,score_que
menu,menu1 等	显示菜单	
student_man	管理学生信息	menu1, read, save, student_del, student_add,student_mod
score_man	统计和管理学生成绩	menu2,read,save,score_in,stu_sco_sta,one_cou_sta,total_cou_sta
score_que	查询学生成绩	menu3, read, save, display_all, search_num, search_maj, search_cla,search_gra
read	读文件信息	
save	保存文件信息	
student_del	删除学生信息	search1
student_add	添加学生信息	
student_mod	修改学生信息	search1
score_in	输入学生成绩	
stu_sco_sta	计算每个学生的总分、均分	print
one_cou_sta	计算单科总分、均分、排名	search2,one_sort,print
all_cou_sta	计算所有科目的总分、均分、排名	

函 数 名	功 能	调 用 函 数
display_all	显示所有学生信息	print
search_num	按学号查询	search1
search_maj	按专业查询	search3,print
search_cla	按班级查询	search3,print
search_gra	按年级查询	search3,print
one_sort	按单科成绩排序	sort
sort	排序	
search1,search2 等	搜索	
print	显示结果	

3. 主要函数算法设计

算法是为解决某一特定问题而采取的具体、有限的操作步骤,对算法的描述一般可用流程图、N-S流图、伪代码、PAD图、判定表和判定树等工具表示。为了使算法表示更加简单直观,学生成绩管理程序中的主要函数算法全部采用流程图表示。

(1) main 函数算法设计。

main 函数是学生成绩管理程序中最重要的函数之一,当运行程序时,首先执行的就是 main 函数。main 函数先调用 menu 函数以显示程序功能主菜单,然后根据用户输入选择执行相应的函数。main 函数的主要算法流程如图 11-2 所示。

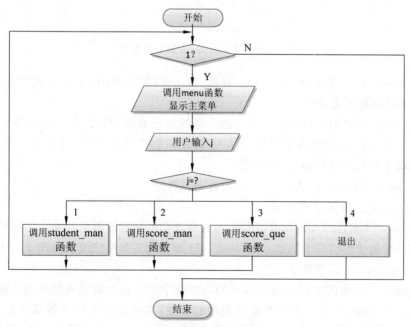

图 11-2　main 函数流程图

（2）student_man 函数算法设计。

student_man 函数的主要功能是对学生信息进行管理，即通过调用 student_del、student_add、student_mod 等函数完成对学生信息的删除、添加和修改。student_man 函数的主要算法流程如图 11-3 所示。

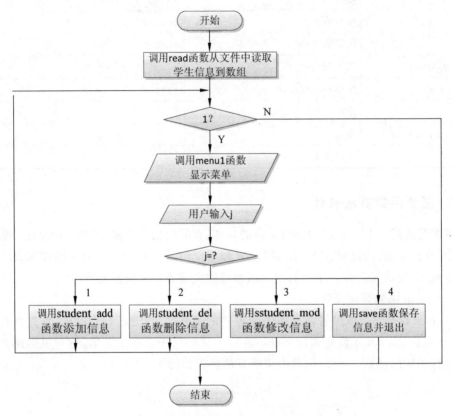

图 11-3　student_main 函数流程图

另外，score_man 函数和 score_que 函数的算法流程与 student_man 函数基本类似。

（3）read 函数算法设计。

read 函数的入口和出口参数均为存放学生信息的数组和学生的实际人数，其主要功能是从保存学生信息的文件中读取所有信息并存放到数组中，统计出学生实际人数。read 函数的主要算法流程如图 11-4 所示。

另外，save 函数的算法流程与 read 函数基本类似。

（4）student_add 函数算法设计。

student_add 函数的入口和出口参数均为存放学生信息的数组和学生的实际人数，其主要功能是添加学生的基本信息。student_add 函数的主要算法流程如图 11-5 所示。

（5）student_del 函数算法设计。

student_del 函数的入口和出口参数均为存放学生信息的数组和学生的实际人数，其主要功能是先调用 search1 函数查找要删除的学生，然后删除该学生的基本信息。查找函数 search1 的算法设计可参看主教材第 6 章。student_del 函数的主要算法流程如

图 11-6 所示。

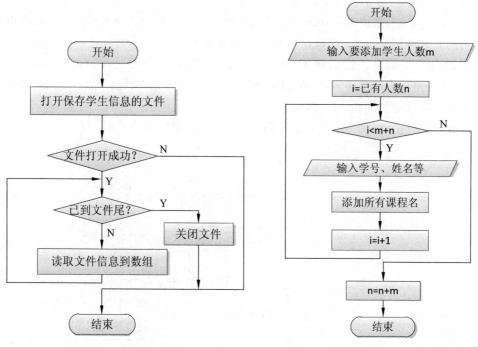

图 11-4　read 函数流程图

图 11-5　student_add 函数流程图

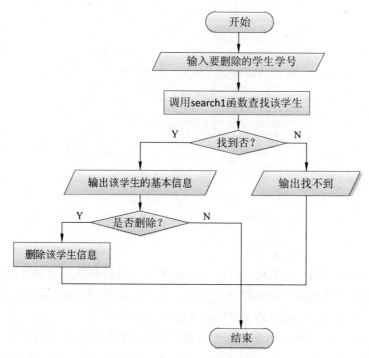

图 11-6　student_del 函数流程图

另外，student_mod 函数的算法流程与 student_del 函数基本类似。

（6）one_cou_sta 函数算法设计。

one_cou_sta 函数的入口和出口参数均为存放学生信息的数组和学生的实际人数，其主要功能是先调用 search2 函数找出要统计的课程和专业的学生信息，统计并输出该门课程的总分和平均分。然后调用 one_sort 函数和 print 函数排序并输出。查找函数 search2 和按单科成绩排序函数 one_sort 的算法设计可参看主教材第 6 章。one_cou_sta 函数的主要算法流程如图 11-7 所示。

另外，all_cou_sta 函数的算法流程与 one_cou_sta 函数基本类似。

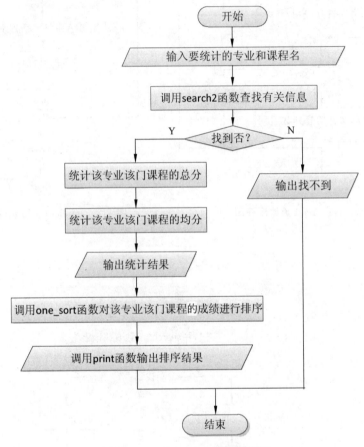

图 11-7　one_cou_sta 函数流程图

（7）search_maj 函数算法设计。

search_maj 函数的入口和出口参数均为存放学生信息的数组和学生的实际人数，其主要功能是输入要查询的专业名称，然后调用 search3 函数和 print 函数查询学生的相关信息并输出。search_maj 函数的主要算法流程如图 11-8 所示。

另外，search_cla 函数和 search_gra 函数的算法流程与 search_maj 函数基本类似。

此外，sort、print、score_in、stu_sco_sta、display_all 、search_num 等函数的算法设计可参看主教材相关内容，在此不再一一列举了。

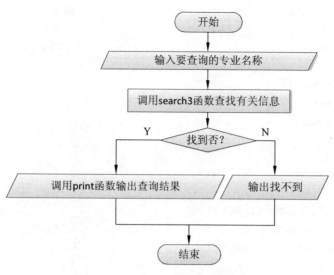

图 11-8 search_maj 函数流程图

11.2.5 程序编码

C 程序设计课程综合实训以熟练应用 C 语言设计、开发小型软件为主要目的,因此,程序编写也是一项非常重要的工作。按照规范化编程过程,程序编码要根据对系统的分析、设计和算法分别实现各模块的功能,从而实现系统的各项要求。

根据前面所做的分析和设计编写了以下学生成绩管理程序,程序开发环境为 VC2010。请认真阅读并分析程序,然后按要求填写 student_mod、all_cou_sta、search_cla、search_gra 等函数内容,在解决方案 C_study 中建立项目 W11_01 和文件 W11_01.c,调试、运行程序并观察运行结果。

```c
#define _CRT_SECURE_NO_WARNINGS
#include <stdio.h>
#include <stdlib.h>
#include <string.h>
#define N 1000
typedef struct {
    char  course[30];                       /*课程*/
    float s;                                 /*成绩*/
}C_S;
typedef struct {
    char num[10];                            /*学号*/
    char name[20];                           /*姓名*/
    char spec[30];                           /*专业*/
    char cla[20];                            /*班级*/
    char grade [20];                         /*年级*/
```

```
        C_S   score[5];                              /* 成绩 */
        float total;                                 /* 总分 */
        float average;                               /* 平均分 */
    }STU;
    void student_man();
    void score_man();
    void score_que();
    void menu();
    void menu1();
    void menu2();
    void menu3();
    void student_add(STU * ,int * );
    void student_del(STU * ,int * );
    void student_mod(STU * ,int * );
    void score_in(STU * ,int);
    void stu_sco_sta(STU * ,int);
    void one_cou_sta(STU * ,int);
    void all_cou_sta(STU * ,int);
    void display_all(STU * ,int);
    void search_num(STU * ,int);
    void search_maj(STU * ,int);
    void search_cla(STU * ,int);
    void search_gra(STU * ,int);
    void read(STU * ,int * );
    void save(STU * ,int * );
    int search1(char * ,STU * ,int);
    int search2(char * ,char * ,STU * ,STU * ,int );
    int search3(STU * ,STU * ,char * ,int);
    void print(STU * ,int);
    void one_sort(STU * ,char * ,int);
    void sort(STU * ,int ,int);

    void read(STU * stu,int * n)                     /* 读文件 */
    {   int i;
        FILE * fp;
        if((fp=fopen("student_inf","rb"))==NULL)
        {   * n=0;return; }
        for(i=0;!feof(fp);i++)
            if(fread(&stu[i],sizeof(STU),1,fp)!=1) break;
        * n=i;
        fclose(fp);
    }

    void save(STU * stu,int * n)                     /* 保存文件 */
```

```
{   int i;
    FILE * fp;
    if((fp=fopen("student_inf","wb"))==NULL)
    {   return; }
    for(i=0;i< * n;i++)
        if(fwrite(&stu[i],sizeof(STU),1,fp)!=1) break;
    fclose(fp);
}


void student_add(STU * stu,int * n)                    /* 添加学生信息 */
{   int i,j,m;
    char cours[][30]={"高等数学","英语","大学物理","大学计算机基础","专业导论"};
    system("cls");
    printf("\n\n\t\t 输入要添加的学生人数:");
    scanf("%d",&m);
    for(i= * n;i<m+( * n);i++)
    {   system("cls");
        printf("\n\n\n\t\t 输入学号:");scanf("%s",(stu+i)->num);
        printf("\t\t 输入姓名:");scanf("%s",(stu+i)->name);
        printf("\t\t 输入专业:");scanf("%s",(stu+i)->spec);
        printf("\t\t 输入班级:");scanf("%s",(stu+i)->cla);
        printf("\t\t 输入年级:");scanf("%s",(stu+i)->grade);
        printf("\t\t 添加课程:\n");
        for(j=0;j<5;j++)
            strcpy((stu+i)->score[j].course,cours[j]);
        system("pause");
    }
    * n= * n+m;
}


int search1(char * num,STU * stu,int n)
{   int i;
    for(i=0;i<n;i++)
        if(strcmp((stu+i)->num,num)==0)
            return i;
    return -1;
}


void student_del(STU * stu,int * n)                    /* 删除学生信息 */
{   int i,k,h;
    char num[10];
    system("cls");
    printf("\n\t\t 输入要删除学生的学号:");
    scanf("%s",num);
```

```
        k=search1(num,stu,*n);
        if(k==-1)printf("\t\t 找不到该学生\n");
        else
        {   printf("\t\t 该学生的基本信息:\n");
            printf("\t\t%s  %s  %s  %s  %s\n",(stu+k)->num,
                (stu+k)->name,(stu+k)->spec,(stu+k)->cla,(stu+k)->grade);
            printf("\t\t 删除--1,否---2:");
            scanf("%d",&h);
            if(h==1)
            {   for(i=k+1;i<*n;i++)
                    stu[i-1]=stu[i];
                (*n)--;
            }
        }
        system("pause");
}


void student_mod(STU * stu,int * n) /* 修改学生信息,请参照 student_del 函数编写 */
{

}


void student_man()                          /* 学生信息管理 */
{   int j,n;
    STU stu[N];
    read(stu,&n);
    while(1)
    {   system("cls");
        menu1();
        printf("\t\t\t");scanf("%d",&j);
        switch(j)
        {
            case  1:   student_add(stu,&n);break;
            case  2:   student_del(stu,&n);break;
            case  3:   student_mod(stu,&n); break;
            case  4:   save(stu,&n);printf("\t\t 文件保存中....");
                       system("pause");return;

        }
    }
}

void score_in(STU * stu,int n)      /* 成绩输入 */
{   int i,j;
    for(i=0;i<n;i++)
```

```
    {   system("cls");
        printf("\n\n\n\t 第%d 学生:%s   %s   %s   %s   %s\n",i+1,
            (stu+i)->num,(stu+i)->name,(stu+i)->spec,
            (stu+i)->cla,(stu+i)->grade);
        for(j=0;j<5;j++)
        {   printf("\n\t\t%s:",(stu+i)->score[j].course);
            scanf("%f",&(stu+i)->score[j].s);
        }
    }
    system("pause");
}


void print(STU * stu,int n)
{   int i,j;
    system("cls");
    printf("\n\n\n\t\t\t        学生成绩信息表\n");
    for(i=0;i<n;i++)
    {
        printf("\n\n\t 学生%-4d %-10s%-10s%-10s%-10s%-10s\n",
            i+1,"学号","姓名","专业","班级","年级");
        printf("\t        %-10s%-10s%-10s%-10s%-10s\n",(stu+i)->num,
            (stu+i)->name,(stu+i)->spec,(stu+i)->cla,(stu+i)->grade);
        for(j=0;j<5;j++)
        {   printf("\t        %s:%.1f",(stu+i)->score[j].course,
                (stu+i)->score[j].s);
            if((j+1)%2==0) printf("\n");
        }
        printf("\n\t                总分:%.1f\t            平均分:%.1f",
            (stu+i)->total,(stu+i)->average);
        if((i+1)%3==0)
        { printf("\n\t\t\n");system("pause");system("cls");}
    }
    printf("\n");
}


void stu_sco_sta(STU * stu,int n)   /*计算每个学生的总分*/
{   int i,j,c;
    system("cls");
    printf("\n\n\t\t   学生成绩计算中....\n");
    for(i=0;i<n;i++)
    {   (stu+i)->total=0;
        for(j=0;j<5;j++)
            (stu+i)->total+=(stu+i)->score[j].s;
        (stu+i)->average=(stu+i)->total/5;
```

```
    }
    printf("\n\t\t请选择：查看结果---1  不查看---2:");
    scanf("%d",&c);
    if(c==1)  print(stu,n);
    system("pause");
}


int search2(char * spec,char * cour,STU * sstu,STU * stu,int n)
{   int i,j,m;
    for(i=m=0;i<n;i++)
    {   if(strcmp(spec,(stu+i)->spec)==0)
            for(j=0;j<5;j++)
                if(strcmp(cour,(stu+i)->score[j].course)==0)
                    sstu[m++]=stu[i];
    }
    return m;
}


void sort(STU * sstu,int k,int m)
{   int i,j;
    STU s;
    for(i=0;i<m-1;i++)
        for(j=0;j<m-1-i;j++)
            if(sstu[j].score[k].s<sstu[j+1].score[k].s)
            {   s=sstu[j];
                sstu[j]=sstu[j+1];
                sstu[j+1]=s;
            }
}


void one_sort(STU * sstu,char * cour,int m)
{   int j,k=0;
    for(j=0;j<5;j++)
        if(strcmp((sstu+0)->score[j].course,cour)==0)
        {   k=j;break;}
    sort(sstu,k,m);
}


void one_cou_sta(STU * stu,int n)   /*计算单科总分等*/
{   int i,j,c,m;
    char spec[30],cour[30];
    float total,aver;
    STU sstu[N];
    system("cls");
```

```
        printf("\n\n\t\t 输人要统计的专业和课程\n");
        printf("\t\t 专业:");scanf("%s",spec);
        printf("\n\t\t 课程:");scanf("%s",cour);
        m=search2(spec,cour,sstu,stu,n);
        if(m==0) printf("\n\t\t 找不到\n");
        else
        {   printf("\n\n\t\t   %s 成绩统计中...\n",cour);
            total=0;
            for(i=0;i<m;i++)
            {
                for(j=0;j<5;j++)
                    if(strcmp(cour,(sstu+i)->score[j].course)==0)
                        total+=(sstu+i)->score[j].s;
            }
            aver=total/m;
            printf("\n\n");
            printf("\n\n\t%s 专业,%s 课程总分:%.1f     平均分:%.1f\n",
                    spec,cour,total,aver);
            printf("\n");system("pause");
            printf("\n\n\t\t   %s 成绩排名中...\n",cour);
            one_sort(sstu,cour,m);
            printf("\n\t\t 请选择:查看结果---1  不查看---2:");
            scanf("%d",&c);
            if(c==1)  print(sstu,m);
        }
        printf("\n");system("pause");
}


void all_cou_sta(STU * stu,int n)   /*计算所有课程的总分等,请参照 one_cou_sta 函
                                      数编写 */

{


}


void score_man()                      /*学生成绩管理 */
{
    int j,n;
    STU stu[N];
    read(stu,&n);
    while(1)
    {   system("cls");
        menu2();
        printf("\t\t\t");scanf("%d",&j);
        switch(j)
```

```
        {
            case  1:    score_in(stu,n);break;
            case  2:    stu_sco_sta(stu,n);break;
            case  3:    one_cou_sta(stu,n); break;
            case  4:    all_cou_sta(stu,n); break;
            case  5:    save(stu,&n);printf("\t\t 文件保存中...");
                        system("pause");return;
        }
    }
}


void display_all(STU * stu,int n)    /* 显示所有学生成绩 */
{
    print(stu,n);
    system("pause");
}


void search_num(STU * stu,int n)     /* 按学号查询 */
{   int j,k;
    char num[10];
    system("cls");
    printf("\n\t\t 输入要查找学生的学号:");
    scanf("%s",num);
    k=search1(num,stu,n);
    if(k==-1) printf("\n\t\t 找不到该学生 \n");
    else
    {   printf("\n\t\t 该学生的信息:\n");
        printf("\n\t 学号:%s   姓名:%s  专业:%s   班级:%s    年级:%s\n",
            (stu+k)->num,(stu+k)->name,(stu+k)->spec,
            (stu+k)->cla,(stu+k)->grade);
        for(j=0;j<5;j++)
        {   printf("\t%s    %.1f",(stu+k)->score[j].course,
                (stu+k)->score[j].s);
            if((j+1)%2==0) printf("\n");
        }
        printf("\n\t 总分:%.1f\t 平均分:%.1f\n\n",
            (stu+k)->total,(stu+k)->average);
    }
    system("pause");
}


int search3(STU * stu,STU * sstu,char * spec,int n)
{   int i,m;
    for(i=m=0;i<n;i++)
```

```
            if(strcmp(spec,(stu+i)->spec)==0)
                sstu[m++]=stu[i];
        return m;
}


void search_maj(STU * stu,int n)      /*按专业查询*/
{   char spec[30];
    int m;
    STU sstu[N];
    system("cls");
    printf("\n\t\t 输入要查找的专业:");
    scanf("%s",spec);
    m=search3(stu,sstu,spec,n);
    if(m==0) printf("\n\t\t 找不到\n");
    else    print(sstu,m);
    printf("\t\t");system("pause");
}


void search_cla(STU * stu,int n)      /*按班级查询,请参照 search_maj 函数编写*/
{


}


void search_gra(STU * stu,int n)      /*按年级查询,请参照 search_maj 函数编写*/
{


}


void score_que()                      /*学生成绩查询*/
{   int j,n;
    STU stu[N];
    read(stu,&n);
    while(1)
    {   system("cls");
        menu3();
        printf("\t\t\t");scanf("%d",&j);
        switch(j)
        {
            case  1:   display_all(stu,n);break;
            case  2:   search_num(stu,n);break;
            case  3:   search_maj(stu,n); break;
            case  4:   search_cla(stu,n); break;
            case  5:   search_gra(stu,n); break;
            case  6:   system("pause");return;
```

```c
        }
    }
}

int main()
{
    int j;
    while(1)
    {   system("cls");
        menu();
        printf("\t\t\t");scanf("%d",&j);
        switch(j)
        {
            case  1:    student_man();break;
            case  2:    score_man();break;
            case  3:    score_que(); break;
            case  4:    exit(0);
        }
    }
    return 0;
}


void menu()
{   printf("\n\n\t\t        欢迎使用学生成绩管理系统 \n\n\n");
    printf("\t\t      *********************************\n");
    printf("\t\t      *              主菜单        * \n");      /* 主菜单 */
    printf("\t\t      *********************************\n\n\n");
    printf("\t\t              1  学生管理        \n\n");
    printf("\t\t              2  成绩管理        \n\n");
    printf("\t\t              3  成绩查询        \n\n");
    printf("\t\t              4  退出系统        \n\n");
    printf("\t\t          请选择[1/2/3/4]: \n\n");
}
void menu1()
{   printf("\n\n\n\t\t\t      学生信息管理 \n\n\n");
    printf("\t\t      *********************************\n\n");
    printf("\t\t              1  添加学生信息       \n\n");
    printf("\t\t              2  删除学生信息        \n\n");
    printf("\t\t              3  修改学生信息       \n\n");
    printf("\t\t              4  退       出       \n\n");
    printf("\t\t          请选择[1/2/3/4]: \n\n");
}

void menu2()
```

```
{   printf("\n\n\n\t\t\t        学生成绩管理\n\n\n");
    printf("\t\t        *******************************\n\n");
    printf("\t\t         1    学生成绩输入  \n\n");
    printf("\t\t         2    计算学生总分、均分          \n\n");
    printf("\t\t         3    计算单科总分、均分及排名      \n\n");
    printf("\t\t         4    计算所有科目总分、均分及排名\n\n");
    printf("\t\t         5    退    出         \n\n");
    printf("\t\t         请选择[1/2/3/4/5]: \n\n");
}


void menu3()
{   printf("\n\n\n\t\t\t 学生成绩查询\n\n\n");
    printf("\t\t        *******************************\n\n");
    printf("\t\t         1    显示所有学生信息  \n\n");
    printf("\t\t         2    按学号查询         \n\n");
    printf("\t\t         3    按专业查询         \n\n");
    printf("\t\t         4    按班级查询         \n\n");
    printf("\t\t         5    按年级查询         \n\n");
    printf("\t\t         6    退    出         \n\n");
    printf("\t\t         请选择[1/2/3/4/5/6]: \n\n");
}
```

11.2.6 调试程序

程序编写完成后,需要对程序进行调试(Debug)。对于程序员来说,bug 永远存在,这也是为什么大名鼎鼎的微软也要不断发布各种补丁的原因。因此,调试在编程中具有很重要的地位。

C 程序的错误类型一般有 3 类:语法错误、运行错误和逻辑错误。其中,语法错误指编写的语句由于不符合 C 语言的语法规则而产生的错误,通常在编译和连接阶段产生,编译器一般都会给出这类错误的出错信息,因此可以根据出错信息提示(常见错误信息可参看第 2 章中的编程技能部分)对程序进行修改。

对于运行错误和逻辑错误,由于是在运行时出现的错误或出现与预期不符的结果,程序调试难度较大,因此需要掌握调试程序的方法和技巧,以下是程序员调试程序时常用的调试方法。

(1) 单步调试。

单步调试是最基本的程序调试方法。从问题程序的起点开始,单步执行程序并观察变量的变化过程。具体调试方法可参看第 4 章中编程技能部分的介绍。

(2) 设置断点。

在程序中设置断点,观察断点处变量值的变化也是一种常用的调试方法。断点可用于快速排除正确的程序,缩小错误代码范围。具体调试方法可参看第 6 章中编程技能部分的介绍。

另外,在程序调试过程中还可以使用空函数,尤其是多模块程序的调试。在调试一个函数时,可以先用空函数暂时代替待检函数所调用的函数,在确定该函数无误以后,再把空函数用实际函数代替,如果有错,则很容易获知错误一定是来自这个刚加入的函数。图11-9 所示为调试学生成绩管理程序 main 函数时的程序框架,所有被 main 函数调用的函数均被设定为空函数。这样就极大地方便了对 main 函数的调试。

```c
void score_man()          /*学生成绩管理*/
{
}
void student_man()        /*学生信息管理*/
{
}

void menu()
{
}
int main()
{   int j;
    while(1)
    {   system("cls");
        menu();
        printf("\t\t\t");scanf("%d",&j);
        switch(j)
        {
            case  1:    student_man();break;
            case  2:    score_man();break;
            case  3:    score_que(); break;
            case  4:    exit(0);
        }
    }
    return 0;
```

图 11-9　调试 main 函数时的程序框架

11.2.7　程序测试

程序测试是指对一个完成了全部或部分功能、模块的程序在正式使用前的检测,以确保该程序能按预定的方式正确运行。程序测试的主要步骤是先给出特定的输入,然后运行被测试程序,最后检查程序运行结果是否与预期结果一致。

进行程序测试时需要一些测试数据,这些为测试而设计的数据称为测试输入。程序测试方法主要有白盒测试和黑盒测试。关于这两种测试方法的介绍可参看第 3 章中的编程技能部分。

对学生成绩管理程序进行测试主要采用黑盒测试法,并根据任务要求对程序的主要功能进行测试。

1. 程序主界面

程序运行时,首先显示主菜单,然后根据用户的选择执行相应功能。程序主界面如图 11-10 所示。

2. 学生管理

在图 11-10 中选择 1,可执行学生管理的各项功能,结果如图 11-11 所示。

图 11-10　程序主界面

图 11-11　学生管理的主要功能

（1）添加学生信息。

在图 11-11 中选择 1,可执行添加学生信息的功能,然后根据提示输入各项信息,结果如图 11-12 所示。

（2）删除学生信息。

在图 11-11 中选择 2,可执行删除学生信息的功能,然后根据提示输入要删除的学生学号,结果如图 11-13 和图 11-14 所示。

图 11-12　添加学生信息

图 11-13　找到要删除的学生学号

图 11-14　找不到要删除的学生学号

3. 成绩管理

在图 11-10 中选择 2,可执行成绩管理的各项功能,结果如图 11-15 所示。

(1) 学生成绩输入。

在图 11-15 中选择 1,即可输入学生的成绩。输入成绩时,根据提示依次输入 5 门课程的成绩,输入及结果如图 11-16 所示。

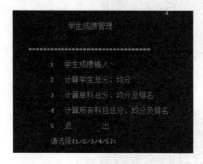

图 11-15　成绩管理的主要功能

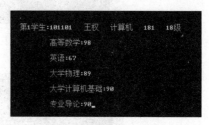

图 11-16　输入学生成绩

(2) 计算学生总分、均分。

在图 11-15 中选择 2,即可统计每个学生的总分和均分,统计过程如图 11-17 所示,统计结果如图 11-18 所示。

图 11-17　统计学生总分、均分

图 11-18　显示统计结果

(3) 计算单科总分、均分及排名。

在图 11-15 中选择 3,输入要统计的专业和课程,如图 11-19 所示,程序据此统计出该专业该课程的总分和均分,然后在该专业范围内,按该课程对学生成绩由高到低进行排序,如图 11-20 所示,选择查看后,排序结果显示如图 11-21 所示。

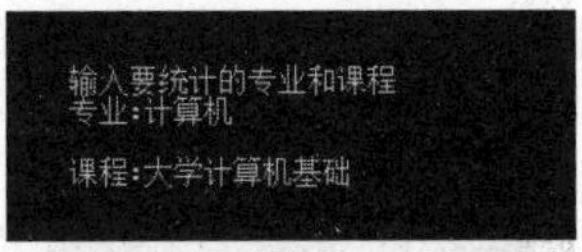

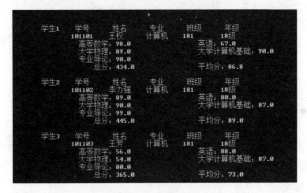

图 11-19　输入要统计的专业和课程

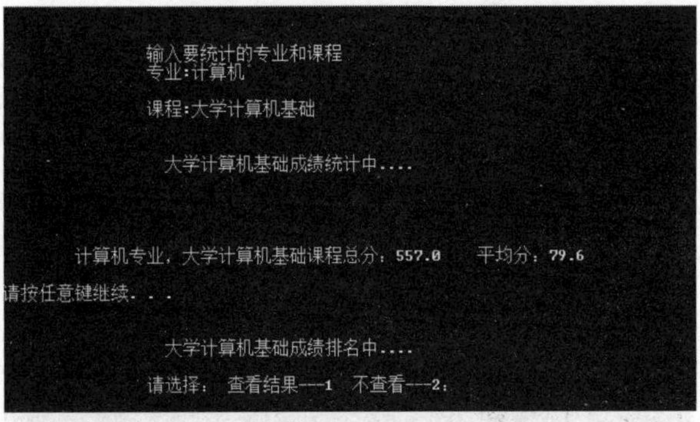

图 11-20　统计单科总分、均分和排名

图 11-21　按单科排名排序

4. 成绩查询

在图 11-10 中选择 3,可执行成绩查询的各项功能,结果如图 11-22 所示。

图 11-22　成绩查询的主要功能

在图 11-22 中选择 3,按专业进行查询。输入要查询的专业,如图 11-23 所示,查询结果如图 11-24 所示。

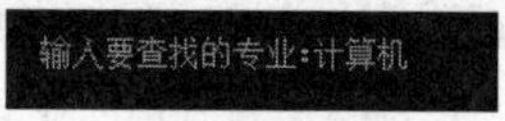

图 11-23　输入要查询的专业

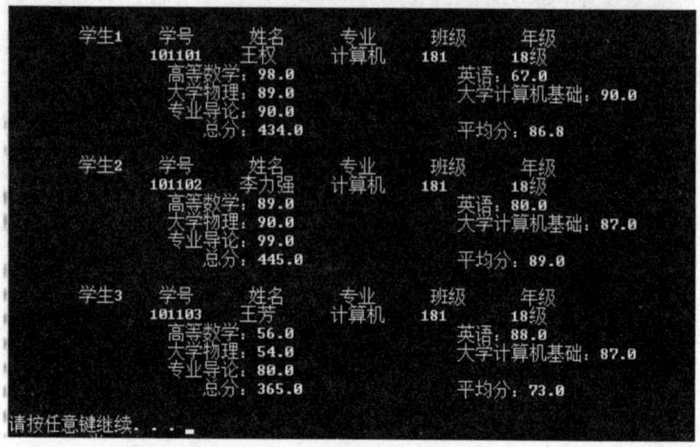

图 11-24　查询结果显示

通过以上对学生成绩管理程序的主要功能的测试,验证各项功能的执行结果与预期结果一致。

11.2.8　撰写实训报告

程序测试完成后,要对课程综合实训进行总结和讨论,并作为课程综合实训验收的一个重要依据,因此需要撰写实训报告。课程综合实训报告一般包括以下内容。

（1）实训任务和要求。

（2）任务分析。

简述任务要解决的问题是什么,有哪些需求,确定程序要做什么,要完成哪些功能。

（3）总体设计。

阐述程序功能模块的划分和说明功能模块。

（4）详细设计。

数据结构设计:对程序采用数据结构的描述。

主要函数设计:程序划分的主要函数功能、调用关系、算法和函数接口。

（5）程序编码。

开发环境和代码编写。

（6）程序测试与运行。

主要测试用表和运行结果。

（7）思考与总结。

实训过程中遇到的问题及解决方法,设计中的难点及应对措施,程序的优点和不足,课程综合实训心得。

11.3　课程综合实训任务

在详细了解了学生成绩管理程序的开发过程后,可结合自身实际情况和课程综合实训的安排和要求选择以下任务之一,设计并实现任务要求的各项功能。通过这样的实践训练,能够在短期内使编程能力得到有效提高,使编程水平得到质的飞跃。

任务 1　万年历

1. 功能描述和要求

(1) 显示年历:输入一个年份,然后在屏幕上显示该年的年历。
(2) 显示月历:输入一个年月,然后在屏幕上显示该月的月历。
(3) 日历统计:输入年、月、日,统计该日是该年的第几天,距今天有多少天。
(4) 查询年历:查询某年是否是闰年;查询某月的最大天数;查询某年某月某日是星期几;查询某年某月某日是否是阴历或公历节日。

2. 设计要求

(1) 以软件工程思想为指导,按照分析、设计、编码、调试、测试和编写文档的软件开发过程完成实训任务。
(2) 采用模块化编程方法,将任务分解为多个函数,使程序具有良好的风格。
(3) 为各项功能操作设计一个菜单,程序运行后,先显示这个菜单,然后通过菜单项选择相应的操作项目。

3. 输入和输出要求

(1) 程序运行时,先显示一个菜单,使用户可以根据需要选择相应的操作项目。
(2) 对每步操作给出必要的提示信息。
(3) 处理完成后,要清楚地给出运行结果。

任务 2　文件加密、解密

1. 功能描述和要求

通常,文件传输有明文和密文两种方式。对于一些重要的部门文件,明文传送是不安全的,因此需要采用一定的方式加密,以密文方式传送。
要求自己设计一种或选择现有的一种加密、解密算法,完成以下功能。
(1) 传送文件时,对文件中的字符根据加密算法进行加密处理。
(2) 接收文件时,根据解密算法对文件进行解密处理;

(3) 查看明文、密文内容(用户查看前需要对身份进行验证识别)。

2. 设计要求

(1) 以软件工程思想为指导,按照分析、设计、编码、调试、测试和编写文档的软件开发过程完成实训任务。

(2) 采用模块化编程方法,将任务分解为多个函数,使程序具有良好的风格。

(3) 为各项操作功能设计一个菜单,程序运行后,先显示这个菜单,然后通过菜单项选择相应的操作项目。

3. 输入和输出要求

(1) 程序运行时,先显示一个菜单,使用户可以根据需要选择相应的操作项目。

(2) 对每步操作给出必要的提示信息。

(3) 明文、密文均要求用文件保存。

(4) 处理完成后,要清楚地给出运行结果。

任务 3　字符串处理

1. 功能描述和要求

模拟 C 语言常用的字符串处理函数的功能(不能直接引用系统提供的具有相同功能的标准函数),自己设计并实现以下字符串处理功能。

(1) 任意两个字符串的大小比较。

(2) 将一个字符串复制给另一个字符串。

(3) 将一个字符串连接到另一个字符串后面,构成一个新的字符串。

(4) 求一个字符串的实际长度。

(5) 将一个字符串中的小写字母全部转换为大写字母。

(6) 找出某个字符串在另一个字符串中第一次出现的位置。

(7) 找出某个字符串中从第 m 个位置开始到第 n 个位置为止的所有字符。

2. 设计要求

(1) 以软件工程思想为指导,按照分析、设计、编码、调试、测试和编写文档的软件开发过程完成实训任务。

(2) 采用模块化编程方法,将任务分解为多个函数,使程序具有良好的风格。

(3) 为各项操作功能设计一个菜单,程序运行后,先显示这个菜单,然后通过菜单项选择相应的操作项目。

3. 输入和输出要求

(1) 程序运行时,先显示一个菜单,使用户可以根据需要选择相应的操作项目。

（2）对每步操作给出必要的提示信息；

（3）处理完成后，要清楚地给出运行结果。

任务 4　进制转换

1. 功能描述和要求

模拟人工法实现不同进制数之间的转换。

（1）将二、八和十六进制数转换为十进制数。

（2）将十进制数转换为二、八和十六进制数。

（3）将二进制数转换为八进制数。

（4）将八进制数转换为二进制数。

（5）将二进制数转换为十六进制数。

（6）将十六进制数转换为二进制数。

2. 设计要求

（1）以软件工程思想为指导，按照分析、设计、编码、调试、测试和编写文档的软件开发过程完成实训任务。

（2）采用模块化编程方法，将任务分解为多个函数，使程序具有良好的风格。

（3）为各项操作功能设计一个菜单，程序运行后，先显示这个菜单，然后通过菜单项选择相应的操作项目。

3. 输入和输出要求

（1）程序运行时，先显示一个菜单，使用户可以根据需要选择相应的操作项目。

（2）对每步操作给出必要的提示信息。

（3）处理完成后，要清楚地给出运行结果。

任务 5　速算 24 点

1. 功能描述和要求

一副扑克牌共有 54 张，去掉大王、小王后还有 52 张，包含黑桃（A，K，Q，J，10，9，8，7，6，5，4，3，2）、红桃（A，K，Q，J，10，9，8，7，6，5，4，3，2）、草花（A，K，Q，J，10，9，8，7，6，5，4，3，2）、方块（A，K，Q，J，10，9，8，7，6，5，4，3，2）4 种花色。其中，A，K，Q，J 四种牌的点值分别是 1，13，12，11，其余牌的点值均为牌值。要求实现以下功能。

（1）计算机随机出 4 张牌。

（2）用户在规定时间内输入计算 24 点的表达式（只能使用加、减、乘、除四则运算）。

（3）计算机给出评判结果。

2. 设计要求

（1）以软件工程思想为指导，按照分析、设计、编码、调试、测试和编写文档的软件开发过程完成实训任务。

（2）采用模块化编程方法，将任务分解为多个函数，使程序具有良好的风格。

3. 输入和输出要求

（1）对每步操作给出必要的提示信息。

（2）处理完成后，要清楚地给出运行结果。

任务 6　龟兔赛跑

1. 功能描述和要求

假设有一只乌龟和一只兔子赛跑，比赛规则如下。

（1）乌龟：有 50% 的机会快走（右移 3 格），有 20% 的机会下滑（左移 6 格），有 30% 的机会慢走（右移 1 格）。

（2）兔子：有 20% 的机会睡觉（不动），有 20% 的机会大跳（右移 9 格），有 10% 的机会大滑（左移 12 格），有 30% 的机会小跳（右移 1 格），有 20% 的机会小滑（左移 2 格）。

（3）最先走到整 70 格的一方获胜，超过 70 格的从头开始。

编程模拟龟兔赛跑的游戏过程，要求：

（1）定时显示龟和兔的当前位置；

（2）在一条线上显示龟和兔的移动轨迹；

（3）按照比赛规则给出结果。

2. 设计要求

（1）以软件工程思想为指导，按照分析、设计、编码、调试、测试和编写文档的软件开发过程完成实训任务。

（2）采用模块化编程方法，将任务分解为多个函数，使程序具有良好的风格。

3. 输入和输出要求

（1）对每步操作给出必要的提示信息。

（2）处理完成后，要清楚地给出运行结果。

任务 7　电子英汉词典

1. 功能描述和要求

编写一个简单的电子英汉词典管理程序，主要功能如下。

（1）单词录入：添加单词及相关信息并保存到文件中。

（2）词典显示：将词典中的所有单词按字母顺序显示。

（3）单词修改：修改词典中单词的相关信息。

（4）单词删除：删除词典中某个单词及其相关信息。

（5）单词查询：输入单词的英文拼写，输出该单词的中文释义。

2. 设计要求

（1）以软件工程思想为指导，按照分析、设计、编码、调试、测试和编写文档的软件开发过程完成实训任务。

（2）采用模块化编程方法，将任务分解为多个函数，使程序具有良好的风格。

（3）为各项操作功能设计一个菜单，程序运行后，先显示这个菜单，然后通过菜单项选择相应的操作项目。

3. 输入和输出要求

（1）程序运行时，先显示一个菜单，使用户可以根据需要选择相应的操作项目。

（2）对每步操作给出必要的提示信息。

（3）处理完成后，要清楚地给出运行结果。

任务8　校运会比赛计分系统

1. 功能描述和要求

假设某校运动会共有 N 个参赛队，M 个男子项目，W 个女子项目，各项目的名次取法和得分有以下两种。

（1）取前5名：第1名7分，第2名5分，第3名3分，第4名2分，第5名1分。

（2）取前3名：第1名5分，第2名3分，第3名2分。

编程实现以下功能：

（1）录入所有参赛项目和人员的信息并保存到文件中；

（2）查询各参赛队信息和比赛项目信息；

（3）项目比赛结束后，输入该项目的获奖运动员信息；

（4）查询比赛项目成绩；

（5）统计各参赛队的总成绩及排名。

2. 设计要求

（1）以软件工程思想为指导，按照分析、设计、编码、调试、测试和编写文档的软件开发过程完成实训任务。

（2）采用模块化编程方法，将任务分解为多个函数，使程序具有良好的风格。

（3）为各项操作功能设计一个菜单，程序运行后，先显示这个菜单，然后通过菜单项选择相应的操作项目。

3. 输入和输出要求

(1) 程序运行时,先显示一个菜单,使用户可以根据需要选择相应的操作项目。

(2) 对每步操作给出必要的提示信息。

(3) 处理完成后,要清楚地给出运行结果。

VS2012 的安装与使用

VS2012 是微软推出的综合性开发环境,其中 Express 版本可以免费使用。用户可到微软官方网站上下载并注册,即可获得免费序列号,其下载网址为

http://www.microsoft.com/visualstudio/chs♯downloads

从网站上下载 Express 2012 for Windows Desktop,其安装程序的大小约为 700MB。

1. VS2012 Express 版本安装

VS2012 Express 版本的安装非常简单,首先选择安装路径,然后勾选"我同意许可条款和条件"复选框后即可开始安装,如图 A-1 所示。安装过程需要 20 分钟左右,安装时间

图 A-1　VS2012 Express 版本的安装

随计算机性能的不同而不同。

安装完毕后计算机将提示重启。

2. VS2012 的注册

首次进入 VS2012 Express 版本，VS2012 将提示"使用 Microsoft 账户联机注册"。如果用户没有 Microsoft 账户，则可以注册一个 Microsoft 账户。在填入一些单位信息和个人兴趣信息后，注册网页会返回一个序列号，然后就可以使用这个序列号进入 VS2012 了，如图 A-2 所示。

图 A-2　VS2012 的注册

首次启动 VS2012 将花费一定的时间，启动后其界面如图 A-3 所示。

3. 创建解决方案及添加项目

VS2012 采用类似 VC2010 的方法创建解决方案，即执行命令"文件"→"新建"，在左侧列表中选择"Visual Studio 解决方案"选项。在右边的模板中选择"空白解决方案"选项，在路径中输入 D：\，在名称中输入 C_Learn，这样以后学习 C 语言所用到的所有文件都会存放在 D 盘根目录下的 C_Learn 子目录中，便于管理和打包携带，如图 A-4 所示。

创建空白解决方案后，可以见到如图 A-5 所示的空白解决方案。

现在可以向其中加入第一个项目。执行菜单命令"文件"→"新建"，打开"新建项目"对话框，如图 A-6 所示，在对话框中选择"Visual C++"，在右边的模板中选择"Win32 控

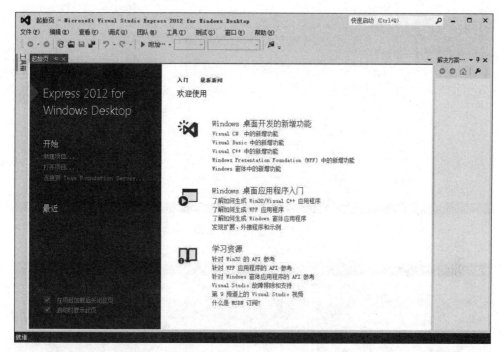

图 A-3　VS2012 启动后的界面

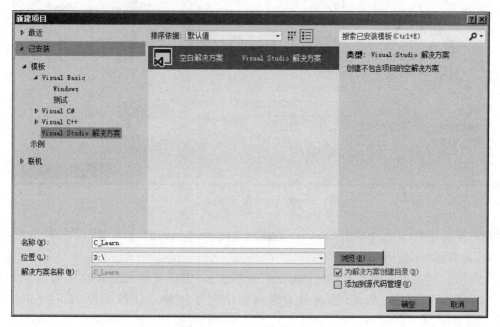

图 A-4　创建解决方案

制台应用程序"选项。在名称中输入 HelloWorld,在解决方案中选择"添加到解决方案"
选项。这样 VS2012 将把新工程放置到现有的工作区目录下。

单击"确定"按钮,进入 VS2012 的控制台应用程序向导,如图 A-7 所示。在"Win32

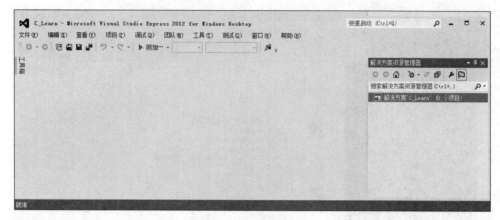

图 A-5　空白解决方案

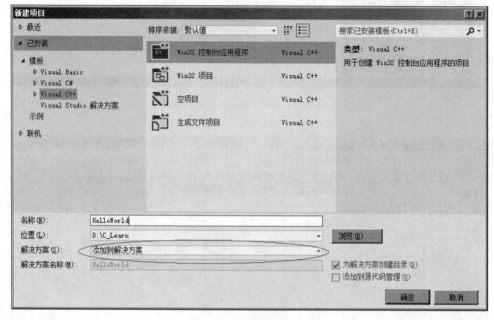

图 A-6　新建项目

应用程序向导"对话框中单击"下一步"按钮跳过概述,在"应用程序设置"中选择"空项目"选项,再单击"完成"按钮。

"空项目"表示不使用 VS2012 提供的先进工具,而仅仅使用纯粹的 C 语言。单击"完成"按钮后,在 C_Learn 解决方案窗口中出现了刚刚添加的工程 HelloWorld,如图 A-8 所示。

4. 源代码编辑

下面准备编写第一个 C 程序。在"解决方案"窗口中右击 HelloWorld 选项,调出菜单,如图 A-9 所示。执行命令"添加"→"新建项",打开"添加新项"对话框,如图 A-10

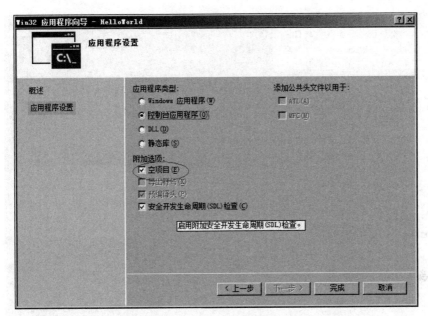

图 A-7 应用程序向导

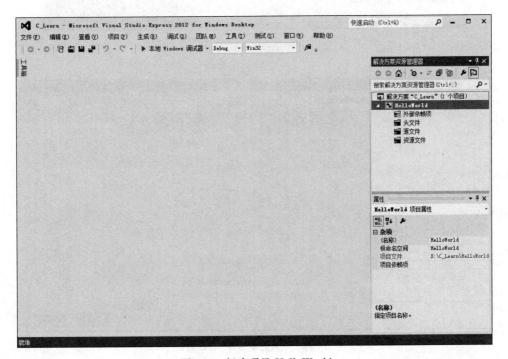

图 A-8 新建项目 HelloWorld

所示。

在"添加新项"对话框中选择"C++ 文件",在下方的文件名称处,系统提示第一个文件叫作"源 1.cpp",因为使用纯粹的 C,因此要手工将后缀名改为 c。这里可以输入 main.c。

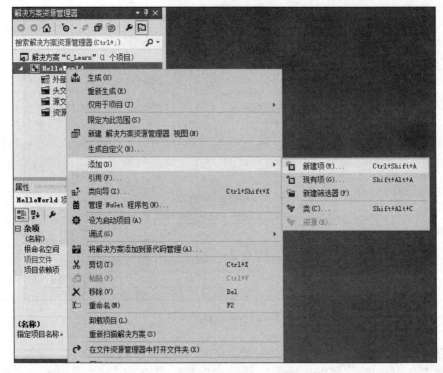

图 A-9　新建项

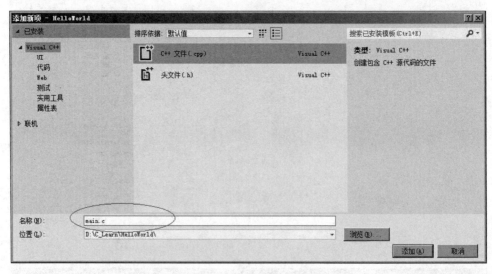

图 A-10　"添加新项"对话框

　　添加成功后,即可进入编辑区书写源代码,如图 A-11 所示。

　　在输入代码时,VS2012 的智能感知功能会提示如图 A-12 所示的可能的选择。可以使用上下光标键在选项中选择,然后按下回车键确认。

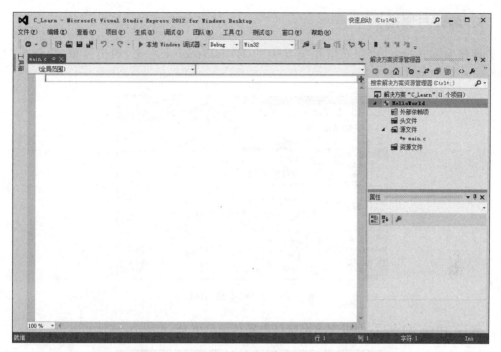

图 A-11　源代码编辑区

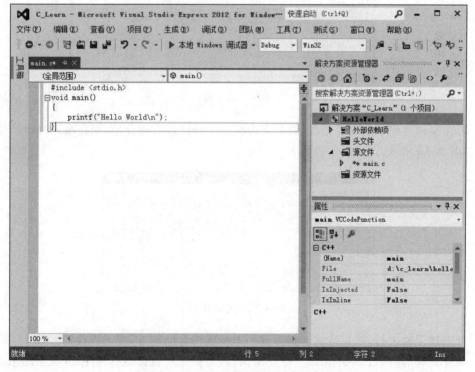

图 A-12　VS2012 的智能感知功能

5. 编译与调试

程序编辑完成后,可以在解决方案中的 HelloWorld 上右击,调出菜单,再选择"生成"命令,如图 A-13 所示。

图 A-13　选择"生成"命令

选择"生成"命令后,即可在输出窗口中显示输出信息,如图 A-14 所示。

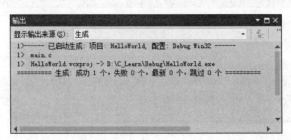

图 A-14　输出窗口

若在编译过程中发现了错误,例如人为删除 printf 最后的分号,则在编译时将产生错误,如图 A-15 所示。

图 A-15　出错显示

双击错误输出行,将直接跳转到源程序中发现错误的地方,便于修改。

编译正确后,执行命令"调试"→"开始执行(不调试)"直接运行程序,并观察结果。

VS2012 的调试行为或者说调试功能继承了 VC2010 的操作习惯,可以将光标移动到源码行,按 F9 键可以添加断点,按 F10 键可以单步执行。

Dev-C++ 5.11 的安装与使用

1. Dev-C++ 下载与安装

Dev-C++ 是一款短小精悍的自由软件，可以编写 C/C++ 应用程序，是全国青少年信息学奥林匹克联赛的推荐编译器，在国内拥有不少用户。

从网址 https://sourceforge.net/projects/orwelldevcpp/可以下载到最新版本的 Dev-C++，是 2016 年更新的 5.11 版本。其安装过程比较简单，打开下载好的安装文件，首先进行解压，然后选择安装语言并提示版权信息，同意后，选择安装组件，然后再选择安装路径，之后即可开始安装。安装完成后，桌面上将出现该软件的图标。

2. Dev-C++ 5.11 的配置

首次启动 Dev-C++ 时会提示配置菜单，配置语言界面相对安装界面有更多的选项。此处可选择简体中文，如图 B-1 所示。

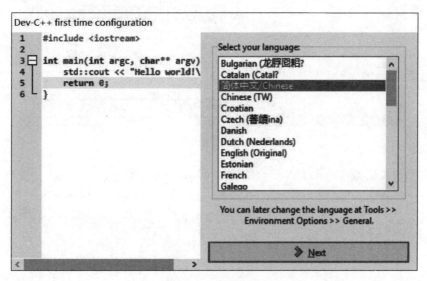

图 B-1　配置界面一

然后是用户界面风格的配置。初学者无须过多关注自定义风格，默认用户界面就已经很好了。因此这里单击 Next 按钮，如图 B-2 所示。

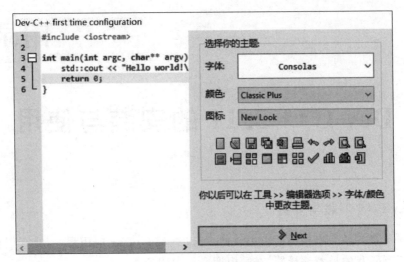

图 B-2　配置界面二

设置完成后，安装程序会给出配置成功的提示，如图 B-3 所示。

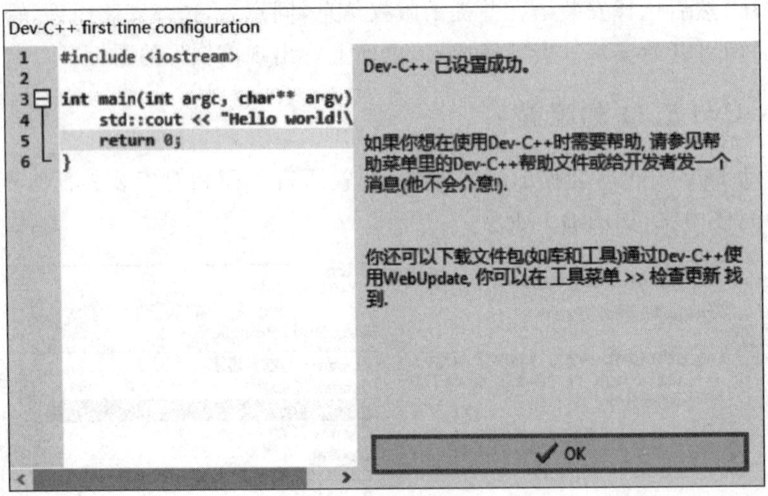

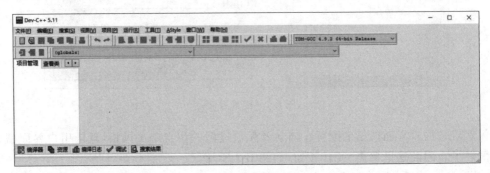

图 B-3　配置界面三

单击 OK 按钮即可进入 Dev-C++ 的主界面，如图 B-4 所示。

图 B-4　配置界面四

3. 在 Dev-C++ 5.11 中编写第一个程序

在 Dev-C++ 的菜单中选择"文件"→"新建"→"项目"命令,将弹出如图 B-5 所示的"新项目"对话框,在对话框中选择 Console Application(控制台应用程序)选项,在名称中输入项目名称,如 HelloWorld,项目类型单选按钮选择"C 项目"。

图 B-5 "新建项"对话框

单击"确定"按钮后,Dev-C++ 将询问该项目的存放位置。选择一个自己常用的位置,如 E:\DevC_Study,如图 B-6 所示。

图 B-6 "另存为"对话框

单击"保存"按钮后,Dev-C++ 即创建了基本的 C 语言框架,如图 B-7 所示。

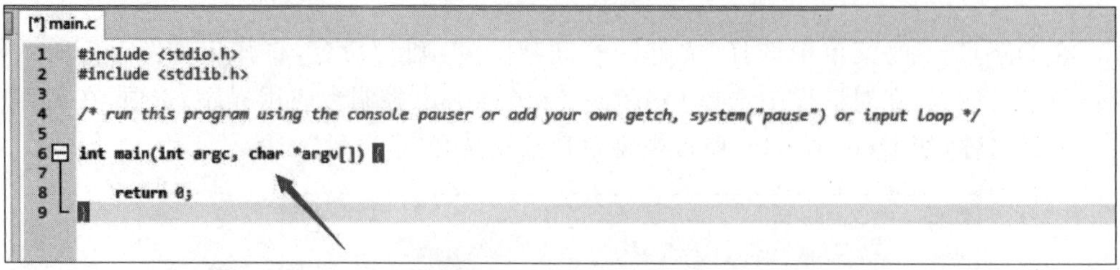

图 B-7　基本 C 语言框架

刚开始学习 C 语言的时候,并不需要用到 main 函数中的参数,因此图 B-7 中箭头所指的多余内容可以删除,另外注意第 4 行的注释,说明程序最后应额外添加一行系统调用,以便观察运行结果。但是 Dev-C++ 5.11 版本并不需要额外增加这行系统调用,因此可以无视,也可以删除。

可以在 main 函数中输入一些代码,例如输入以下代码(功能:输入一个正整数,判断该数是否为平方数)。

```c
#include <stdio.h>
#include <stdlib.h>
#include <math.h>
int main()
{
    int x,y;
    scanf("%d",&x);
    y=sqrt(x);
    if(y*y==x)
        printf("Yes!\n");
    else
        printf("No!\n");
    return 0;
}
```

在录入代码过程中,应随时保存以防意外情况中断思路。单击工具栏上的"磁盘"按钮或者直接使用快捷键 Ctrl+S 进行保存。第一次保存时会询问代码的文件名,默认是项目的名称,也可以更改为其他文件名。这里使用默认值 HelloWorld. c,如图 B-8 所示。

程序录入完毕后,首先人工检查是否存在错误,若基本判定没有录入错误,则可在菜单中执行"运行"→"编译",或者直接按 F9 键编译程序。若编译器没有检查出错误,则会出现编译结果的消息框,如图 B-9 所示。

当编译结果中的提示错误和警告都是 0 的时候,就可以放心地运行程序了。选择命令"运行"→"运行",即可运行程序,结果如图 B-10 所示。

图 B-8 "保存为"对话框

图 B-9 编译结果消息框

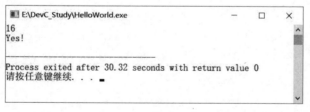

图 B-10 运行结果界面

参 考 文 献

［1］ 谭浩强.C 程序设计［M］.4 版.北京：清华大学出版社，2010.

［2］ Ivor Horton. C 语言入门经典［M］.杨浩，译. 5 版.北京：清华大学出版社，2013.

［3］ 苏小红，等.C 语言程序设计教程［M］.1 版.北京：电子工业出版社，2002.

［4］ 徐士良.C 语言程序设计教程［M］.2 版.北京：人民邮电出版社，2003.

［5］ 张基温.C 语言程序设计案例教程［M］.北京：清华大学出版社，2007.

［6］ 郭有强，等.C 语言程序设计实验指导与课程设计［M］.北京：清华大学出版社，2010.

［7］ 王新，孙雷.C 语言课程设计［M］.北京：清华大学出版社，2009.

［8］ 陈朔鹰，等.C 语言程序设计习题集［M］.北京：人民邮电出版社，2000.

［9］ Brian W. Kernighan，Dennis M. Ritchie. The C Programming L anguage［M］.2 版.北京：机械工业出版社，2007.

［10］ Petter Prinz，Tony Crawford. C in a Nutshell［M］. O'Reilly Taiwan 公司，译.北京：机械工业出版社，2007.

［11］ Ivor Horton. Visual C++ 2010 入门经典［M］.苏正，李文娟，译. 5 版.北京：清华大学出版社，2010.

［12］ 张晓民.VC++ 2010 应用开发技术［M］.北京：机械工业出版社，2016.